JN284814

マリタイムカレッジシリーズ

船の電機システム
~マリンエンジニアのための電気入門~

商船高専キャリア教育研究会 編

KAIBUNDO

■執筆者一覧

CHAPTER 1	向瀬紀一郎	（弓削商船高等専門学校）
CHAPTER 2	大山　博史	（広島商船高等専門学校）
CHAPTER 3	窪田　祥朗	（鳥羽商船高等専門学校）
CHAPTER 4	山本桂一郎	（富山高等専門学校）
CHAPTER 5	村岡　秀和	（広島商船高等専門学校）
CHAPTER 6	村岡　秀和	
CHAPTER 7	伊藤　正一	（大島商船高等専門学校）
	吉岡　勉	（大島商船高等専門学校）
コラム	村岡　秀和	〔p.56, p.196〕
	全日本船舶職員協会	〔p.82, p.95, p.152, p.178, p.211〕
イラスト制作	向瀬紀一郎	

■編集幹事

窪田　祥朗

読者へのメッセージ

　本書はマリンエンジニア（機関士，海事関連技術者）を目指す学生を対象に，船舶運航に必要な電機システム，電気工学技術について解説した教科書である。航海士を目指す学生にとっては，乗船勤務時に役立つ参考書になると考える。本書では，なるべく計算式を省き，図解による学習ができるように配慮している。また，海技免状を取得するために必要な国家試験のための勉強ができるよう，海技士国家試験に出題される内容を中心に解説している。

　この一冊があれば，初等機関士として最低限必要な電気工学の知識が得られるように配慮した。そのため，電気工学の基礎から電気技術応用まで，幅広い内容が網羅されている。機関士として乗船勤務した際にも活用できる教科書，参考書を目指した。

　本書には演習問題を付けていないが，海技士国家試験を演習問題として利用し，解いてほしい。本文中に❶❷❸と記号を付している部分が，海技士国家試験の出題内容である。❶❷に関しては一級，二級海技士（機関）の筆記試験内容，❸に関しては三級海技士（機関）の口述試験内容になっている。ぜひとも在学中に，一級海技士の筆記試験まで合格してほしいと考えている。

　本書は，海技免状の取得を目的としているため，従来の電気工学や電気機器学といった出版物と異なる部分がある。従来の電気機器学の教科書では，直流機（直流発電機，直流電動機）から学ぶようになっているが，本書では直流機の解説は一切ない。これは，海技士国家試験に出題されないためである。今回は普遍的な技術を中心に，海技士国家試験の出題内容，船舶の電機システムに特化し，解説している。

　現在は，主機にディーゼルエンジンを用いて推進力を得る船舶が主流である

が，将来的にはディーゼルエンジンが発電機用原動機になり，電動機で推進する電気推進船や，電機システムを用いプロペラを介さない新たな船舶へと移行することも考えられる。半導体技術の進歩によって自然エネルギー，再生可能エネルギーによる発電，さらにはパワーエレクトロニクス技術による電動機制御の高精度化，省エネルギー化，大電力化が期待されており，船舶で扱う電気工学技術の重要性がさらに増していくことが予想される。その場合には，船舶における電機システムの占める割合が高くなり，電気工学技術の修得が重要項目になる可能性がある。そのときは，本書を最大限に活用してほしい。

また，機関長，機関士としての職務を理解してもらうために，全日本船舶職員協会にご提供いただいたコラムを読んで，将来の自分を想像してほしい。信頼される機関士として成長するには何が必要か，この教科書を熟読して理解を深め，電機システム，電気工学技術に関する自信をつけてもらいたい。執筆者一同，読者のみなさんが海技士国家試験に合格できるように，また，将来は機関士として，さらには機関長として活躍してもらえるように，と思いながら本書を執筆した。ぜひ，機関長，機関士として乗船し，日本経済を支え担ってほしい。飛躍を期待するとともに，本書がその一助になればと考える。

最後になりましたが，出版に際し，多くの同志に支えられました。また，全日本船舶職員協会，川崎汽船，テラテック，JRCS，寺崎電気産業から貴重な資料，機器の写真などをご提供いただきました。厚くお礼申し上げます。また，刊行に当たり全般にご指導いただきました海文堂出版の岩本登志雄氏に心より感謝申し上げます。

編集幹事
窪田祥朗（鳥羽商船高等専門学校）

目　　次

執筆者一覧 …………………………………………………………………… *2*
読者へのメッセージ ………………………………………………………… *3*

CHAPTER 1　電気機器の基礎 ……………………………………… *11*

1.1　電気とエネルギー …………………………………………… *11*

(1)　電流と電圧 ………………………………………… *11*
(2)　抵抗と電圧降下 …………………………………… *12*
(3)　エネルギーと電力 ………………………………… *15*

1.2　電気と磁気 ……………………………………………………… *18*

(1)　磁力と磁界 ………………………………………… *18*
(2)　磁化とヒステリシス ……………………………… *21*
(3)　電磁石 ……………………………………………… *22*
(4)　電磁力 ……………………………………………… *23*
(5)　電磁誘導 …………………………………………… *24*
(6)　自己誘導と相互誘導 ……………………………… *28*

1.3　交流回路 ………………………………………………………… *30*

(1)　交流回路の電流と電圧 …………………………… *30*
(2)　交流回路におけるコイル ………………………… *35*
(3)　交流回路の電力 …………………………………… *37*
(4)　交流回路におけるコンデンサ …………………… *39*
(5)　交流回路のベクトル図 …………………………… *41*
(6)　交流回路のインピーダンス ……………………… *46*

1.4　三相交流回路 …………………………………………………… *49*

(1)　三相交流起電力 …………………………………… *49*
(2)　三相結線 …………………………………………… *51*

CHAPTER 2　変圧器 ……………………………………………… 57

2.1　変圧器の原理 …………………………………………… 57
(1)　変圧器の目的 ……………………………………… 57
(2)　変圧器の概要 ……………………………………… 59
(3)　磁束と電流の関係 ………………………………… 60

2.2　変圧器の構造 …………………………………………… 60
(1)　変圧器の損失 ……………………………………… 61
(2)　鉄心 ………………………………………………… 62
(3)　巻線 ………………………………………………… 63
(4)　巻線の巻き方 ……………………………………… 64
(5)　巻線の絶縁と冷却 ………………………………… 64
(6)　変圧器の点検 ……………………………………… 65

2.3　変圧器の理論 …………………………………………… 65
(1)　コイル ……………………………………………… 65
(2)　変圧器 ……………………………………………… 68
(3)　漏れリアクタンス ………………………………… 71
(4)　負荷が抵抗のみの場合の等価回路 ……………… 72
(5)　負荷が抵抗およびリアクタンスを含む場合の等価回路 … 74
(6)　変圧器の鉄心内に損失がある場合 ……………… 75
(7)　簡易等価回路 ……………………………………… 75
(8)　二次側に換算した等価回路 ……………………… 76
(9)　励磁突入電流 ……………………………………… 76

2.4　変圧器の結線 …………………………………………… 77
(1)　変圧器の極性 ……………………………………… 77
(2)　三相結線 …………………………………………… 78
(3)　三相変圧器 ………………………………………… 80

2.5　計器用変成器 …………………………………………… 80
(1)　計器用変圧器 ……………………………………… 80
(2)　計器用変流器 ……………………………………… 81

2.6　単巻変圧器 ……………………………………………… 81

CHAPTER 3　同期発電機 …………………………………………… *83*

3.1　同期発電機の原理 …………………………………………… *83*
3.2　同期発電機の構造 …………………………………………… *89*
　(1)　ブラシレス発電機 …………………………………………… *91*
　(2)　固定子 ………………………………………………………… *92*
　(3)　回転子 ………………………………………………………… *93*
　(4)　スペースヒータ ……………………………………………… *94*
3.3　同期発電機の理論 …………………………………………… *95*
　(1)　電機子反作用 ………………………………………………… *95*
　(2)　等価回路 ……………………………………………………… *99*
3.4　同期発電機の並行運転（並列運転） ………………………… *101*
　(1)　運転条件 ……………………………………………………… *103*
　(2)　同期投入方法 ………………………………………………… *105*
　(3)　並行運転の解除方法 ………………………………………… *108*
　(4)　異常現象 ……………………………………………………… *109*
3.5　同期発電機の保守 …………………………………………… *113*
　(1)　一般的な保守 ………………………………………………… *113*
　(2)　発電機内部（固定子枠内）の保守 ………………………… *113*
　(3)　軸受部の保守 ………………………………………………… *114*
　(4)　エアギャップの保持 ………………………………………… *114*
　(5)　ブラシとスリップリングの保守（ブラシのある発電機のみ）… *115*
　(6)　故障原因と対処法 …………………………………………… *115*

CHAPTER 4　誘導電動機 …………………………………………… *117*

4.1　三相誘導電動機の種類と構造 ……………………………… *118*
　(1)　固定子 ………………………………………………………… *118*
　(2)　回転子 ………………………………………………………… *119*
4.2　三相誘導電動機の原理 ……………………………………… *121*
　(1)　回転の原理 …………………………………………………… *121*
　(2)　回転磁界の原理 ……………………………………………… *122*
4.3　三相誘導電動機の理論 ……………………………………… *124*

　　　　(1) 同期速度 ……………………………………… *124*
　　　　(2) 滑り ………………………………………… *124*
　　　　(3) 誘導起電力 …………………………………… *125*
　　　　(4) 二次電流 ……………………………………… *126*
　　　　(5) 一次電流 ……………………………………… *127*
　　　　(6) 諸量の計算（等価回路）と効率 ……………… *127*
　　　　(7) 損失 …………………………………………… *131*
　　4.4 三相誘導電動機の特性 ……………………………… *131*
　　　　(1) 速度特性 ……………………………………… *131*
　　　　(2) トルク特性 …………………………………… *132*
　　　　(3) 出力特性 ……………………………………… *133*
　　　　(4) 比例推移 ……………………………………… *134*
　　4.5 三相誘導電動機の運転 ……………………………… *135*
　　　　(1) 始動方法 ……………………………………… *135*
　　　　(2) 速度制御方法 ………………………………… *137*
　　　　(3) 逆転 …………………………………………… *140*
　　　　(4) 制動 …………………………………………… *141*
　　4.6 特殊かご形誘導電動機 ……………………………… *143*
　　　　(1) 二重かご形誘導電動機 ……………………… *144*
　　　　(2) 深溝かご形誘導電動機 ……………………… *145*
　　4.7 単相誘導電動機 ……………………………………… *145*
　　　　(1) 回転の原理 …………………………………… *145*
　　　　(2) 始動方法と種類 ……………………………… *146*
　　4.8 三相誘導電動機の保守 ……………………………… *149*
　　　　(1) 保守 …………………………………………… *149*
　　　　(2) 故障と原因 …………………………………… *150*

CHAPTER 5　シーケンス制御 ……………………………… *153*

　　5.1 シーケンス制御の部品と記号 ……………………… *153*
　　　　(1) シーケンス制御の基本 ……………………… *153*
　　　　(2) スイッチと電磁リレー ……………………… *155*
　　　　(3) その他のシーケンス制御機器 ……………… *158*

5.2　シーケンス制御基本回路 ………………………………… *159*
　　　　(1)　押しボタンと電磁リレーの回路 ……………………… *159*
　　　　(2)　限時（タイマ）リレーの回路 ………………………… *162*
　　　　(3)　基本論理回路とスイッチ制御 ………………………… *164*
　　　　(4)　部品点数が増加したシーケンス回路の読み取り …… *166*
　　5.3　シーケンス制御応用回路 ………………………………… *168*
　　　　(1)　三相誘導電動機の始動／停止回路 …………………… *168*
　　　　(2)　三相誘導電動機のリアクトル始動回路 ……………… *170*
　　　　(3)　三相誘導電動機のY-Δ（スターデルタ）始動回路 …… *171*
　　　　(4)　三相誘導電動機の電源喪失後の復帰シーケンス回路 … *175*

CHAPTER 6　パワーエレクトロニクス ………………………… *179*

　　6.1　電力用半導体 ……………………………………………… *179*
　　　　(1)　真性半導体 ……………………………………………… *179*
　　　　(2)　n形半導体と p形半導体 ……………………………… *180*
　　　　(3)　整流ダイオード ………………………………………… *181*
　　　　(4)　サイリスタ ……………………………………………… *182*
　　　　(5)　トランジスタ …………………………………………… *185*
　　6.2　整流回路と順変換 ………………………………………… *186*
　　　　(1)　単相半波整流回路 ……………………………………… *187*
　　　　(2)　単相全波整流回路 ……………………………………… *187*
　　　　(3)　三相全波整流回路 ……………………………………… *188*
　　　　(4)　DC-DC コンバータ …………………………………… *189*
　　6.3　インバータ ………………………………………………… *191*
　　　　(1)　単相電圧形インバータ ………………………………… *192*
　　　　(2)　三相電圧形インバータ ………………………………… *193*
　　　　(3)　インバータによる三相電動機の制御 ………………… *194*
　　　　(4)　高周波インバータ ……………………………………… *195*

CHAPTER 7　船舶における電気技術 …………………………… *197*

　　7.1　配電システム ……………………………………………… *197*
　　　　(1)　低圧方式と高圧方式 …………………………………… *197*

		(2) 電気機器の熱的保護 …………………………………	*198*
		(3) 給電の連続性 ……………………………………	*201*
		(4) 接地灯 …………………………………………	*202*
	7.2	非常用電源 …………………………………………	*203*
		(1) 非常用発電機 ……………………………………	*203*
		(2) 蓄電池 …………………………………………	*203*
	7.3	軸発電機 ……………………………………………	*207*
		(1) 周波数無補償形 …………………………………	*207*
		(2) 周波数補償形 ……………………………………	*208*
	7.4	電気推進船 …………………………………………	*209*
		(1) 定速度方式 ………………………………………	*209*
		(2) 可変速度方式 ……………………………………	*210*

索引 ……………………………………………………………………… *217*

〔コラム〕 グロースタータによる蛍光灯点灯 ……………………………… *56*

3 等機関士の仕事 ……………………………………………………… *82*

2 等機関士の仕事 ……………………………………………………… *95*

1 等機関士の仕事 ……………………………………………………… *152*

機関長の仕事 …………………………………………………………… *178*

ノイズ …………………………………………………………………… *196*

新人機関士の習得事項 ………………………………………………… *211*

CHAPTER 1

電気機器の基礎

　船のなかでは，たくさんのポンプを動かす電動機をはじめとした，多くのさまざまな電気機器が，つながり合い，かかわり合いながら，それぞれ重要な役割を担って働いている。それらの仕組みや使い方を理解するためには，**電気**（Electricity）という目に見えない存在が船のなかを行き交う様子を，思い描けるようになる必要がある。この章では，その電気のふるまいに関する基本的な法則についての知識や，電気のふるまいを記述し計算する基礎的な技術を学ぶ。

1.1　電気とエネルギー

(1)　電流と電圧

　図 1.1 のように，電池や電線や電球などが輪のようにつながっていれば，電気は安定して循環できる。その輪のような道筋のことを**回路**（Circuit）という。回路の一部を断ち切り，電気が**循環できない**ようにすることを，**回路を開く**（Open）という。開いた回路をつなぎ直し，電気が**循環できる**ようにすることを，**回路を閉じる**（Close）という。

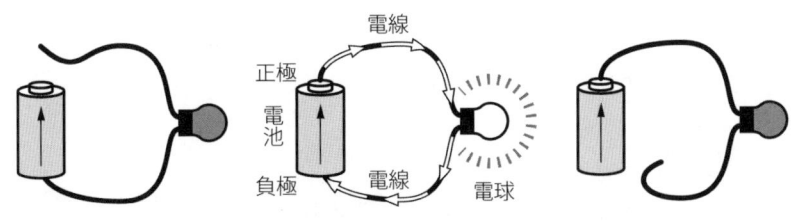

図 1.1　電池と電線と電球による装置の例

電気の流れは**電流**（Current）と呼ばれている。電流は，電池の正極（⊕極）から流れ出て負極（⊖極）に流れ込もうとし，電池の内部では負極から正極に向かって流れようとする。電流の大きさは電流計（Ammeter）を使って測ることができ，その基本単位は［A］（**アンペア**：Ampere）である。図や式のなかで電流を表す記号には I が用いられる。

電気が流れようとする力強さは**電圧**（Voltage）と呼ばれている。電圧の大きさは電圧計（Voltmeter）を使って測ることができ，その基本単位は［V］（**ボルト**：Volt），記号は V である。

電圧を生み出し電気を流そうとする働きは**起電力**（Electromotive Force）と呼ばれている。電池や発電機などはこの起電力を持っている。起電力の大きさは，それが生み出す電圧の大きさによって決まり，基本単位は電圧と同じく［V］（ボルト），記号は E である。

(2) 抵抗と電圧降下

電気機器に用いられる電線（Wire）の多くは，銅線を合成樹脂で覆った構造をしている。銅やアルミニウムや黒鉛などは電気をよく通し，合成樹脂やガラスや空気などは電気をほとんど通さない。電気をよく通す物質のことを**導体**（Conductor）といい，電気をほとんど通さない物質のことを**絶縁体**（Insulator）という。また，電気の流れを導くために応用される導体の材料は**導電材料**と呼ばれ，電気の漏れを防ぐために応用される絶縁体の材料は**絶縁材料**と呼ばれている。電球も，導体を絶縁体で覆った構造をしている。

導体に電圧をかけると，導体のなかを電流が流れる。一般に導体においては，電圧 V［V］と電流 I［A］の間には次式のような比例関係が成り立っている。この法則は，**オームの法則**（Ohm's Law）と名付けられている。

$$I = \frac{V}{R} \quad [\text{A}] \tag{1.1}$$

この式(1.1)において記号 R は電気の流れにくさの度合いを表している。そ

の度合いは**電気抵抗**または単に**抵抗**(レジスタンス:Resistance)と呼ばれており,その基本単位は[Ω](**オーム**:Ohm)である。

抵抗の大きさの逆数,すなわち $1/R$ は,電気の流れやすさの度合いを表すことになる。この度合いは**コンダクタンス**(Conductance)と呼ばれ,その記号は G,基本単位は[S](**ジーメンス**:Siemens)である。

物体の抵抗は材質や形状によってさまざまである。抵抗の大きさは,次式(1.2)のとおり物体の長さ l[m]に比例し,断面積 A[m²]に反比例する。したがって,**電気をよく通す材質を使った電線でも,とくに細く長い場合には大きな抵抗を持ってしまう**ことがあるため,注意しなければならない。

$$R = \rho \frac{l}{A} \quad [\Omega] \qquad (1.2)$$

この式に現れる比例係数 ρ(ロー)は**抵抗率**(Resistivity)と呼ばれ,表 1.1 のように材質によってさまざまな値である。なお,銅やアルミニウムなどの金属は,温度が高くなると抵抗率が大きくなり,電気を通しにくくなる性質も持っている。

表 1.1 材質による抵抗の違い

材質	抵抗率 ρ[Ωm]
ポリエチレン	10^{14}〜
雲母	10^{13}
磁器	10^{10}〜10^{12}
ガラス	10^9〜10^{11}
ケイ素	10^4
炭素	10^{-5}
純鉄	2×10^{-7}
アルミニウム	3×10^{-8}
銅	2×10^{-8}

(上:電気が流れにくい ↕ 下:電気が流れやすい)

抵抗を持つ電線によって電池と電球をつないだ場合,図 1.2(a)のように,電球にかかる電圧の大きさは電池の起電力よりも小さくなる。図 1.2(b)のように電球を抵抗の小さなものに交換すると,電球にかかる電圧はさらに小さくなる。

この現象を理解しやすいように,図 1.3 のように,回路のなかでは場所によって**電位**(Electric Potential)という値の高低があると考えることにする。起電力は電位の差を生み出す。また電位の差は電圧として表れ,電位の高い場所から低い場所に向かって,電流を流そうと働く。電位の基本単位は電圧と同じく[V](ボルト)である。なお,図のなかで電位差や電圧を表す矢印は,電位の低い場所から高い場所を指すように描かれる。

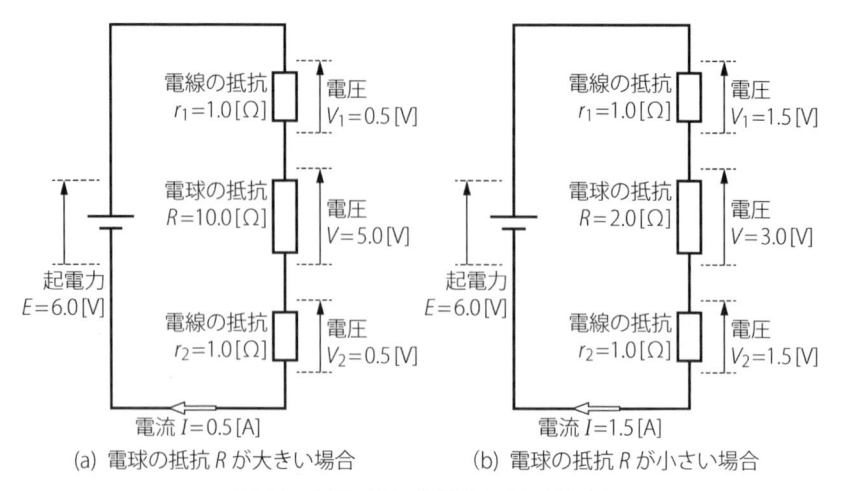

(a) 電球の抵抗 R が大きい場合　　(b) 電球の抵抗 R が小さい場合

図1.2　抵抗を持つ電線を含む回路の例

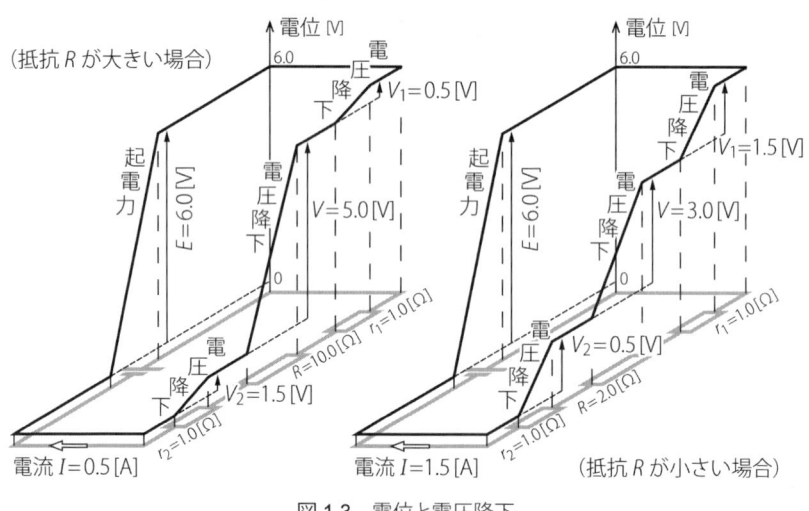

図1.3　電位と電圧降下

　電線や電球などを電流が流れているとき，電流の流れ込む側の電位に比べて，流れ出る側の電位は低くなっている。この現象を**電圧降下**（Voltage Drop）という。導体における電圧降下の大きさ，つまり電位の差 $V[\mathrm{V}]$ は，その導体の抵抗 $R[\Omega]$ と電流 $I[\mathrm{A}]$ によって決まり，次式のように表される。この関係式

は式(1.1)のオームの法則と同等である。

$$V = RI \quad [\text{V}] \tag{1.3}$$

(3) エネルギーと電力

　抵抗を持つ導体は，電流によって**熱**（Heat）を生み出す性質を持っている。電熱線（Heating Element）はとくに熱を生じやすいよう作られた導体であるが，通常の電線も電流によってある程度の熱を生じる。電球（Bulb）は電流によってまず熱を生み，その熱によって光を生んでいる。電流によって生じる熱を**ジュール熱**（Joule Heat）という。

　熱は，物体の温度を上昇させることができる働きである。熱の量の基本単位は [J]（**ジュール：Joule**）である。図 1.4 の装置 A と B の電熱線はどちらも最終的には，同じ質量の水の温度を同じだけ上昇させており，したがって同じ量の熱を生み出していることになる。一般に，抵抗 $R\,[\Omega]$ の導体に $I\,[\text{A}]$ の電流を $t\,[\text{s}]$ の時間だけ流し続けたとき，発生するジュール熱の量 $Q\,[\text{J}]$ は次式のとおりである。この法則を，**ジュールの法則**（Joule's Law）という。

$$Q = RI^2 t \quad [\text{J}] \tag{1.4}$$

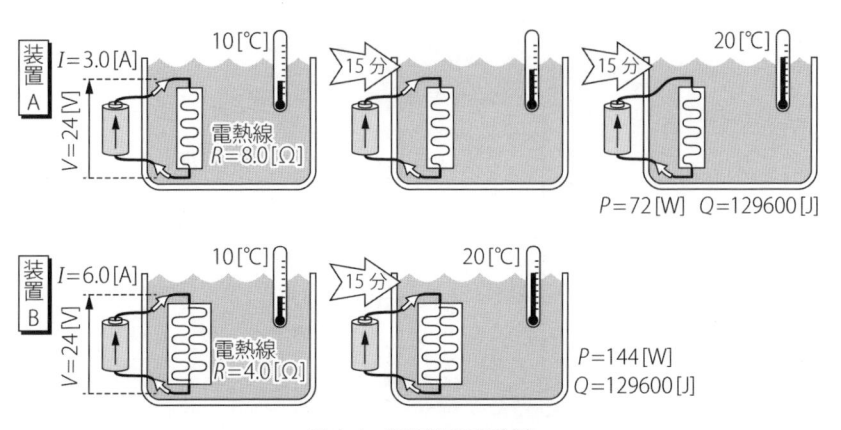

図 1.4　電熱線の実験例

熱などの働きを生み出す能力を，**エネルギー**（Energy）という。エネルギーの単位は，熱の量と同じ [J]（ジュール）である。導体においてジュール熱を生み出すことのできるエネルギーは，導体に流れ込む電気が持っている。

電気が持ち運びできるエネルギーのことを**電気エネルギー**という。電熱線や電球や電動機などのように，電気エネルギーを熱などの働きや他の種類のエネルギーに変換する物体や機器のことを，**負荷**（Load）という。また，その変換が行われているとき，その負荷は電気エネルギーを回路で**消費**しているという。電線も抵抗を持つならば負荷となる。

回路のなかの電気エネルギーは，もともと電池や発電機などにおいて生み出されているはずである。電池（Battery）は内部の化学エネルギーを電気エネルギーに変換している。このように，他の種類のエネルギーや働きを電気エネルギーに変換する物体や機器のことを，**電源**（Power Source）という。また，その変換が行われているとき，その電源は電気エネルギーを回路に**供給**しているという。

回路を循環する電気は，電源においてエネルギーを与えられ，エネルギーを運びながら流れ，負荷においてエネルギーを奪われた後，電源に戻る。例として図 1.2(b) の回路におけるエネルギーの流れを図 1.5 に示す。電源から供給さ

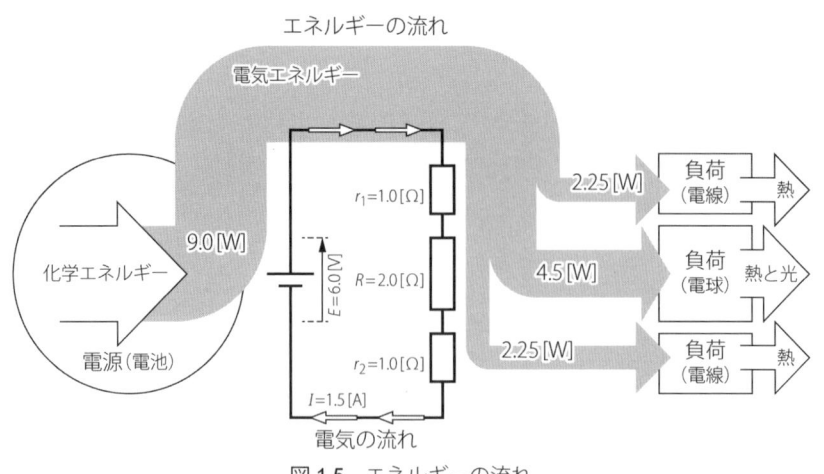

図 1.5　エネルギーの流れ

れるエネルギーのうち，装置の目的の負荷（図 1.5 では電球）において消費され，必要な働きに変換されるエネルギーの割合を，**効率**（Efficiency）という。一方，目的以外の負荷（図 1.5 では電線）において消費され，不必要な熱などに変換されるエネルギーの量を，**損失**（Loss）という。

　電気エネルギーの流れの大きさ，つまり負荷が単位時間（1[s]）あたりに消費する電気エネルギーの大きさや，電源が単位時間（1[s]）あたりに供給する電気エネルギーの大きさのことを，**電力**(でんりょく)（Electric Power）という。電力の記号は P，基本単位は [W]（ワット：Watt）である。抵抗 $R\,[\Omega]$ の導体に $I\,[A]$ の電流が流れているとき，その抵抗において消費されている電力 $P\,[W]$ は，式(1.4)のジュール熱 $Q\,[J]$ を時間 $t\,[s]$ で割ったものに等しく，次式のとおりである。

$$P = \frac{Q}{t} = RI^2 \quad [W] \tag{1.5}$$

　さらに式(1.1)のオームの法則を考慮すると，電圧 $V\,[V]$ をかけられて電流 $I\,[A]$ が流れている負荷では、消費されている電力 $P\,[W]$ は次式のように表される。この式は，**直流回路のあらゆる負荷において一般に成り立つ**。

$$P = VI \quad [W] \tag{1.6}$$

　この式(1.6)は，たとえば電動機のような，電気エネルギーを**仕事**（Work）に変換する負荷においても成立する。仕事は，物体を動かすことができる働きであり，その量の記号は W，基本単位は熱の量やエネルギーと同じく [J]（ジュール）である。図 1.6 のようなクレーンの例でいえば，荷物の位置エネルギーの増加分が，電動機から生まれた仕事の量に等しい。

　また，単位時間（1[s]）あたりの仕事の大きさは**仕事率**（Power）と呼ばれ，その基本単位は電力と同じく [W]（ワット）である。とくに，電動機のような機械が生み出す仕事率は**出力**(しゅつりょく)とも呼ばれている。理想的な電動機であれば，その出力は消費している電力に等しい。

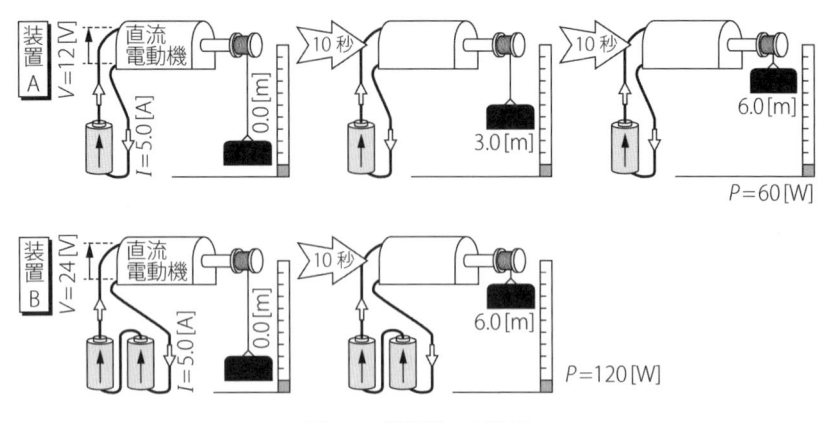

図 1.6　電動機の実験例

1.2　電気と磁気

(1)　磁力と磁界

　鉄製のクリップに糸をつけて持ち，磁石のそばに吊るすと，クリップは磁石に引き寄せられる。このクリップを引く力は**磁力**（Magnetic Force）と呼ばれ，磁力を生み出す性質は**磁気**（Magnetism）と呼ばれている。磁石の端に近い箇所などには，とくに強くクリップを引き寄せる部分があり，**磁極**（Magnetic Pole）と呼ばれている。

　磁石のような磁気を持つ物体の周辺には，磁力を生み出そうとする働きを持つ場が広がっていると考えることもできる。このような働きを持つ場の広がりを**磁界**（Magnetic Field）という。

　方位磁針（磁気コンパス）は，自由に回転できる磁石であり，2 つの磁極のうち特定の側をほぼ北に，反対の側をほぼ南に向ける性質を持っている。一般に磁極のうち，北に向く磁極は **N 極**と呼ばれ，南に向く磁極は **S 極**と呼ばれている。

　しかし方位磁針は，磁気の強い磁石のそばに置かれると，その磁石による磁

界の影響を大きく受け，図 1.7 のように方向を変える。一般に，磁気を持つ物体の N 極と他の物体の S 極の間には吸引力（引きあう力）が働き，N 極と N 極の間や S 極と S 極の間には反発力（遠ざけあう力）が働く。

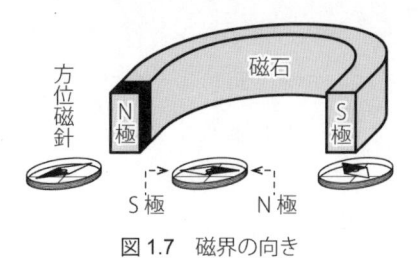

図 1.7　磁界の向き

小さな方位磁針の N 極が指す方向を，その場所における**磁界の向き**という。図 1.8(a)のように磁界の向きに沿って矢印付きの線を何本も描いてみると，目に見えない磁界の姿が浮かび上がってくる。この線を**磁力線**という。

磁力線は，それぞれ N 極から湧き出し S 極に吸い込まれるように描かれ，途中で枝分かれしたり交わったりすることがない。そうすると，磁極に近い場所など，磁力を生み出す働きの強い場所ほど，磁力線が密に描かれることになる。磁界中のそれぞれの場所における磁力線の面密度量は，**磁界の強さ**を表すことになる。磁界の強さの記号は H，基本単位は [A/m] である。

磁石の N 極から外へ出ていく磁力線の数と，同じ磁石の S 極へ外から入ってくる磁力線の数は，必ず等しくなっている。まるでこれらが磁石の内部でつながっているかのようである。図 1.8(b)のように，磁石の外ではN 極からS

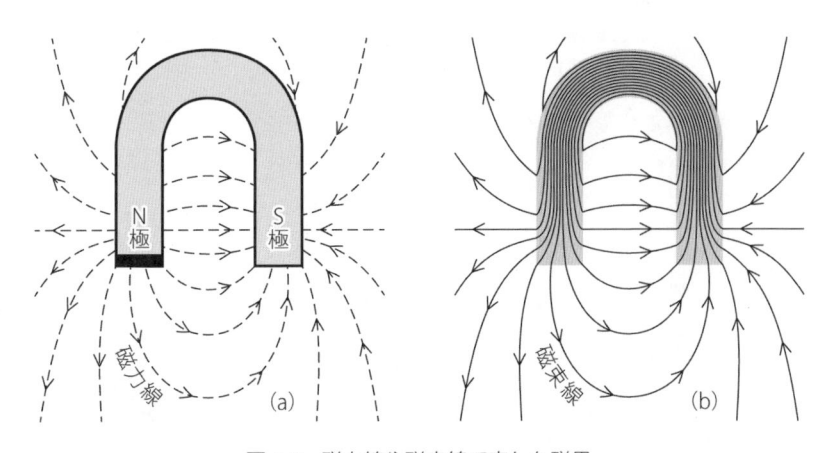

図 1.8　磁力線や磁束線で表した磁界

極へ向かう磁力線と並行し（つまり磁界の向きに沿い），磁石のなかではS極からN極に向かう，輪のようにつながった線を描いてみると，磁石の内外をまとめて理解しやすくなる。この線を**磁束線**という。

ただし，磁束線の数と磁力線の数は異なる。その数の比率は磁束線の通りやすさの度合いを表し，**透磁率**（Magnetic Permeability）と呼ばれる。透磁率の大きさは，物体や媒体の材質などによって異なり，記号は μ（ミュー）である。

磁極を貫く磁束線の数は，図1.9のとおり，その**磁極の強さ**に対応する。磁束線の数を表す量は**磁束**（Magnetic Flux）と呼ばれている。磁極の強さや磁束の記号は Φ（ファイ），基本単位は[Wb]（**ウェーバ**）である。

磁界中のそれぞれの場所における磁束線の面密度量は，**磁束密度**（Magnetic Flux Density）の大きさと呼ばれる。磁束密度の大きさの記号は B，基本単位は[T]（**テスラ**）である。柱状の物体の内部を，その長さ方向に平行な磁束線が通っているとき，磁束密度の大きさ B[T]と，磁束 Φ[Wb]，および物体の断面積 A[m²]の間の関係は，次式のようになる。

$$B = \frac{\Phi}{A} \quad [\text{T}] \tag{1.7}$$

一様な空間のなかでは，磁束密度が大きくなっている場所ほど，磁界の強さも大きくなっている。磁束密度と磁界の強さは次式のとおり比例し，その比例

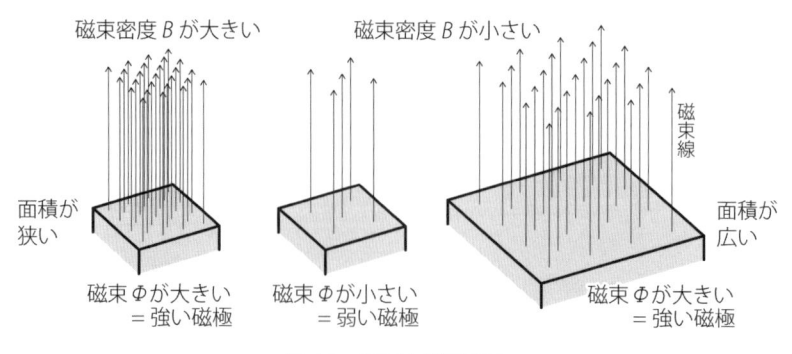

図1.9 磁束と磁束密度

CHAPTER 1　電気機器の基礎

係数は材質によって異なる透磁率 μ である。

$$B = \mu H \quad [\text{T}] \tag{1.8}$$

磁束線の向きは，磁界の向きと同じである。

(2) 磁化とヒステリシス

　鉄製のクリップは，通常は強い磁気を持たないが，他の磁石などが作る磁界のなかに置かれたときには，その影響を受けて強い磁気を持つ。この現象を**磁化**（Magnetization）という。図1.10(a)のように，磁石の N 極を近づけられた鉄製のクリップの磁石に近い部分には，S 極が現れる。同様に図 1.10(b)のように，磁石の S 極を近づけられた鉄製のクリップの磁石に近い部分には，N 極が現れる。

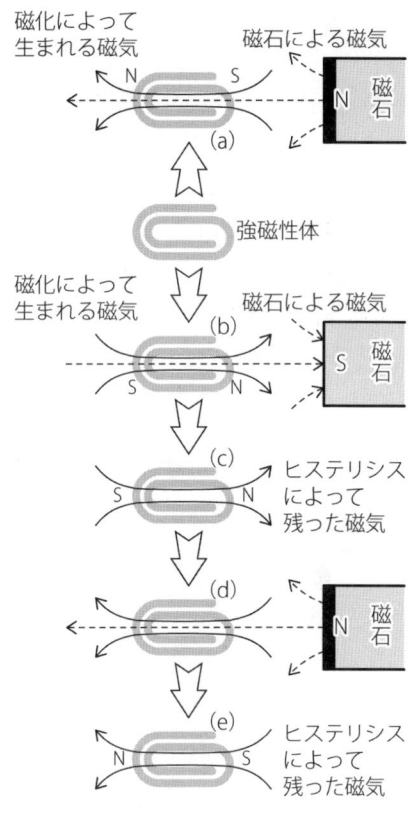

　鉄のような，磁化によって強い磁気を持つことのできる物質のことを，**強磁性体**という。強磁性体の透磁率 μ は大きな値となる。**磁束線を通りやすくし，磁束密度を大きくする**ために応用される強磁性体の材料は，**磁性材料**と呼ばれている。

図 1.10　磁化とヒステリシス

　強く磁化された強磁性体は，その後，外部からの磁界が弱くなったり消えたりしても，図 1.10(c)のようにある程度の強さの磁気を持ち続け，磁化されたときと同じ方向の磁界を形成し続ける。強磁性体からの磁界は，逆方向の大きな磁界が外部から与えられると，図 1.10(d)のように反転する。そして再び外

部からの磁界が消えても，図 1.10(e)のように反転したままとなる。

このように，強磁性体の形成する磁界の向きや磁束の大きさは，そのときの外部からの磁界だけでなく，それまでの**過去の磁化の履歴によっても左右される**。この現象を**ヒステリシス**（Hysteresis）という。

(3) 電磁石

電線を巻いたものを**コイル**（Coil）といい，コイルを形成する電線を**巻線**（Winding）という。図 1.11(a)のようなコイルの巻線に電流が流れると，その周囲には目に見えない磁界が形成される。

また図 1.11(b)のように，軟鉄などの透磁率の大きな磁性材料で作られた**鉄心**（Core）をコイルのなかに入れると，コイルから生じる磁界の影響によって鉄心が磁化され，コイルと鉄心のなかを通る磁束線が著しく増え，鉄心の端には強い磁極が現れる。これを**電磁石**（Electromagnet）という。電流の方向を逆にすれば，コイルから生じる磁界の方向が反転し，電磁石の両端に現れる N 極と S 極も反転する。

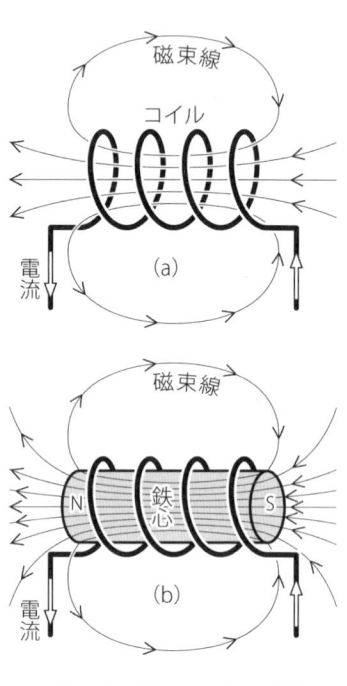

図 1.11 筒状コイルの磁界

一般に，**電流は磁界を生み出す**。直線状の電線に電流が流れると，その周囲の空間に，同心円状の磁界が形成される。輪状の電線や筒状のコイルの巻線に電流が流れると，その中心では直線状の磁界が形成される。その磁界の方向は，図 1.12 のとおり，**アンペールの右ねじの法則**に従う。また，その磁界の強さは，電流の大きさに比例する。この法則は**アンペールの法則**（Ampere's Law）と呼ばれている。

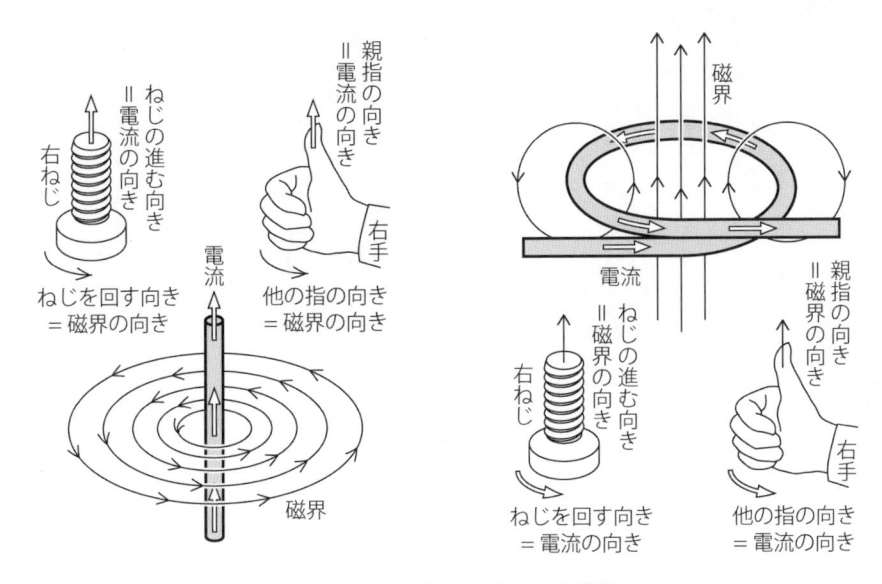

図 1.12 アンペールの右ねじの法則

（4） 電磁力

磁石の近くに置いた電磁石に電流を流すと，磁石の磁極と電磁石の磁極の間に吸引力や反発力が働く。図 1.13 のように，磁石の近くに吊るしたコイルの巻線に電流を流すと，コイルを動かそうとする力が生まれる様子を見ることができる。流れる電流が大きいほど，強い力が生じる。この力を**電磁力**（でんじりょく）（Electromagnetic Force）という。電磁力は，後の CHAPTER 4 で学ぶとおり，電動機から生じる力の源となっている。

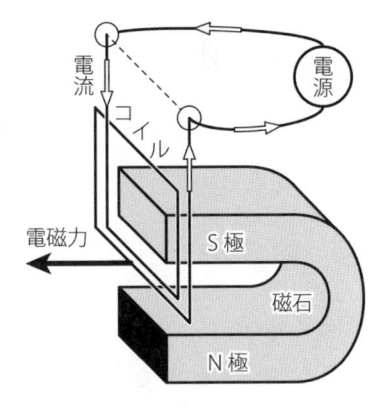

図 1.13 電磁力の実験

一般に，磁界を横切る導体に**電流が流れると**，その導体を**運動させようとする電磁力が生じる**。電磁力の向きは，図 1.14 のとおり，磁界の向きと電流の

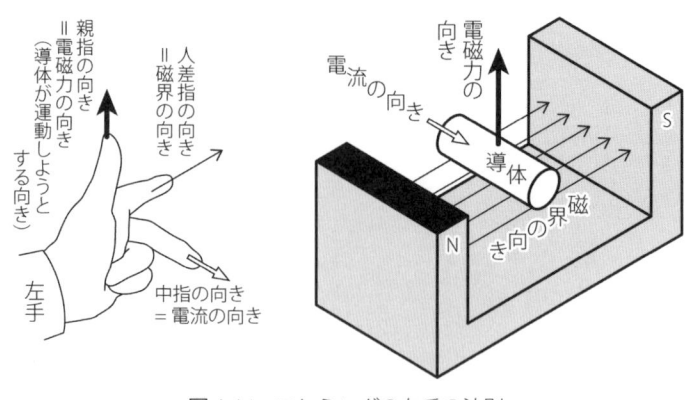

図1.14　フレミングの左手の法則

向きの両方に直交し，**フレミングの左手の法則**（Fleming's Left Hand Rule）に従う。

一様な磁界中の導体の，長さ l[m] の直線状の部分に働く電磁力の大きさ F[N]は，次式(1.9)のとおり，導体に流れる電流の大きさ I[A]と磁束密度の大きさ B[T]の両方に比例する。また電流の向きと磁界の向きのなす角度 θ の正弦にも比例する。

$$F = IBl \sin\theta \quad [\text{N}] \tag{1.9}$$

すなわち，磁束密度が大きいほど，また電流が大きいほど，また電流と磁界のなす角度が直角に近いほど，強い電磁力が導体に働く。

(**5**)　電磁誘導

図 1.15 のように，コイルに磁石を近づけたり遠ざけたりすると，コイルの巻線に電流を流そうとする起電力が生じる。この現象を**電磁誘導**（Electromagnetic Induction）といい，このとき生じる起電力を**誘導起電力**（Induced Electromotive Force）という。誘導起電力は，後の CHAPTER 3 で学ぶとおり，発電機から生じる起電力の源となっている。

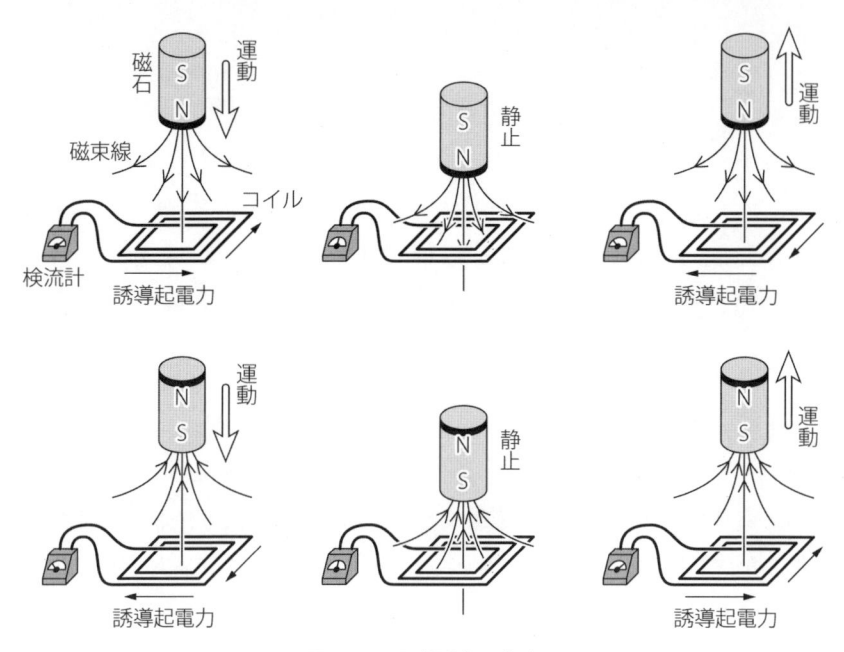

図 1.15 電磁誘導の実験

　コイルの巻線に生じる誘導起電力の向き（電流が流れようとする向き）は，磁石が近づくときと遠ざかるときでは，逆方向となる。コイルと磁石が近づき，コイルを貫く磁束線が増加していくとき，生じる誘導起電力は，磁石の作る磁界と逆向きの磁界を形成する電流をコイルに流そうとする。コイルと磁石が遠ざかり，コイルを貫く磁束線が減少していくとき，生じる誘導起電力は，磁石の作る磁界と同じ向きの磁界を形成する電流をコイルに流そうとする。すなわちいずれの場合も，**磁束の変化を妨げようとする誘導起電力**が生じる。この法則を**レンツの法則**（Lentz's Law）という。

　誘導起電力 e [V] の絶対値は次式(1.10)のとおり，コイルの巻数 N と，コイルを貫く磁束の単位時間あたりの変化量（$\Delta\Phi/\Delta t$ [Wb/s]）すなわち磁束の変化の激しさに比例する。この法則を**ファラデーの法則**（Faraday's Law）という。図 1.15 の実験では，磁石を速く動かすほど大きな起電力が生じる。磁石が固

定されておりコイルが運動する場合でも，誘導起電力は生じる。

$$|e| = N\frac{\Delta \Phi}{\Delta t} \quad [\text{V}] \tag{1.10}$$

なお，コイルを貫く磁束線を増加させる電流の向きを正と定めて，誘導起電力 $e\,[\text{V}]$ の向きと大きさを同時に表す式を書くと，次式のようになる。

$$e = -N\frac{\Delta \Phi}{\Delta t} \quad [\text{V}] \tag{1.11}$$

また，図 1.13 の電源を検流計に替えた実験装置を用意し，コイルを指で弾いて動かすと，その運動から誘導起電力が生まれる様子を見ることができる。一般に，**磁界を横切って導体が運動すると，その導体に電流を流そうとする誘導起電力が生じる**。誘導起電力の向きは，図 1.16 のとおり，磁界の向きと運動の向きの両方に直交し，**フレミングの右手の法則**（Fleming's Right Hand Rule）に従う。

一様な磁界中の導体の，長さ $l\,[\text{m}]$ の直線状の部分から生まれる誘導起電力の大きさ $e\,[\text{V}]$ は，次式(1.12)のとおり，導体の運動の速さ $u\,[\text{m/s}]$ と磁束密度の大きさ $B\,[\text{T}]$ の両方に比例する。また運動の向きと磁界の向きのなす角度 θ の正弦にも比例する。なお，導体は誘導起電力の向きに沿うものとする。

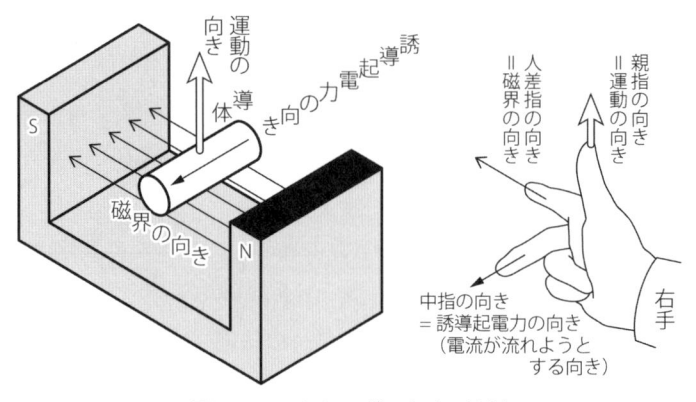

図1.16　フレミングの右手の法則

$$e = uBl\sin\theta \quad [\text{V}] \tag{1.12}$$

すなわち，磁束密度が大きいほど，また運動が速いほど，また運動と磁界のなす角度が直角に近いほど，大きな誘導起電力が導体に生まれる。

船舶や発電所などで広く使われる同期発電機と呼ばれる種類の発電機は，磁極の間でコイルを回転させたり，コイルのなかで磁極を回転させたりすることによって，起電力を生み出す機械である。同期発電機においては，コイルの導体が磁界を横切る角度は，図 1.17 のように，時間とともに変化していく。

この図のような同期発電機のコイルが，単位時間（1[s]）あたり f 回の速さで回転し続けている場合，時刻 t[s] の瞬間において，コイルの長辺の導体の運動と磁界のなす角度 θ は，次式(1.13)のように表される。なお，角度の単位

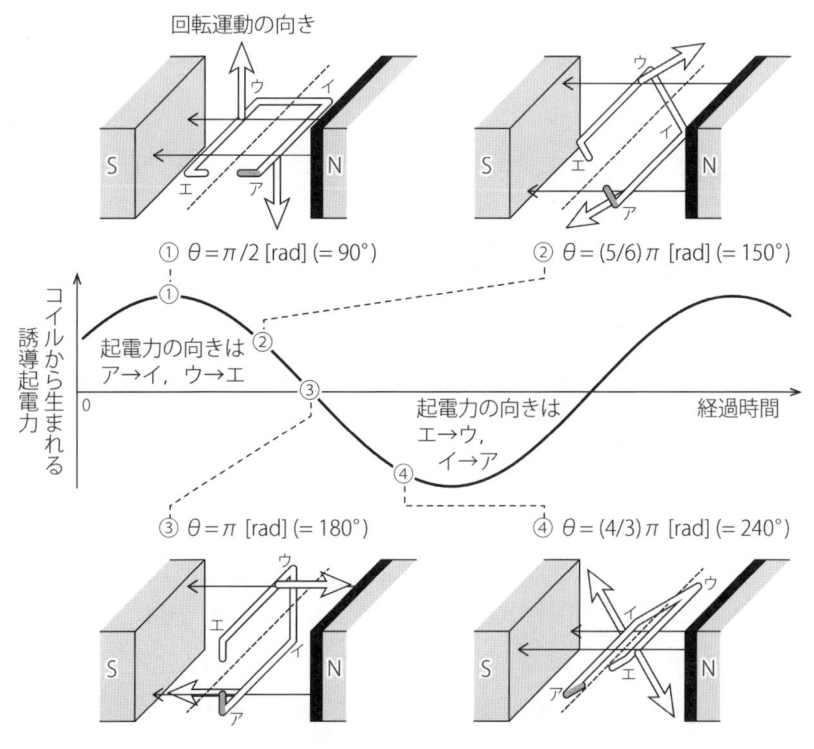

図 1.17 同期発電機のモデル図

には [rad]（**ラジアン**：Radian）を用いている。度数とラジアンの換算は図 1.18 のとおりである。また $α$ [rad] は，基準となる時刻（$t=0$ の時刻）における，運動と磁界のなす角度である。

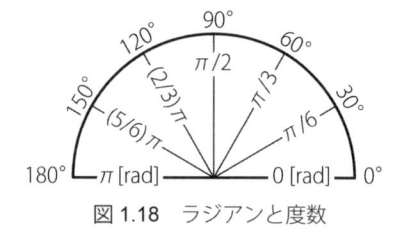

図 1.18　ラジアンと度数

$$θ = 2πft + α \quad [\text{rad}] \tag{1.13}$$

したがって，コイルの長辺一辺の長さ l [m] の部分から生まれる起電力の大きさは，式(1.12)と式(1.13)より，時刻 t [s] の瞬間は次式のような値となる。

$$e = uBl\sin(2πft + α) \quad [\text{V}] \tag{1.14}$$

すなわち図 1.17 のように，同期発電機の起電力の大きさは**時間とともに変化し，また時刻によっては負の値となる**（逆方向に電流を流そうと働く）こともある。

(6) 自己誘導と相互誘導

図 1.11 のようなコイルの巻線に流れる電流の大きさが増えていくと，その電流によって形成される磁界の強さも，比例して増えていく（アンペールの法則）。これはすなわち，コイルを貫く磁束線が増えていくことでもある。したがって，その増加する磁束線と逆方向の磁界を形成しようとする誘導起電力，すなわち増えた電流を減らそうとする起電力が生じ（レンツの法則とファラデーの法則），コイルの巻線の両端に電位差（電圧）が現れる。コイルの巻線に流れる電流の大きさが減っていくときには，その電流を増やそうとする起電力が巻線において生じる。つまりいずれの場合も，**電流の変化を妨げようとする誘導起電力**がコイルにおいて生じる。この現象を**自己誘導**（Self Induction）という。

図 1.19 のとおり，コイルの巻線に流れる電流の変化が激しいほど，大きな誘導起電力が生じる。電流の大きさが一定の間は，誘導起電力は生じない。一

CHAPTER 1　電気機器の基礎

一般に，自己誘導による誘導起電力の大きさ e [V]（電流と同じ向きを正とする）は，電流の大きさ I [A] の単位時間あたりの変化量（$\Delta I/\Delta t$ [A/s]）に比例し，次式のように表される。

$$e = -L\frac{\Delta I}{\Delta t} \quad [\text{V}] \qquad (1.15)$$

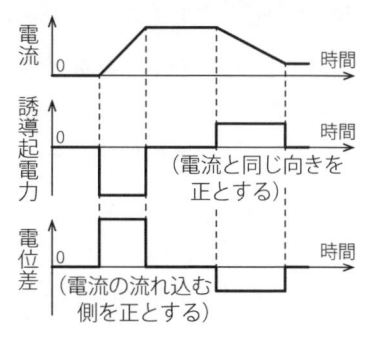

図1.19　自己誘導

この式 (1.15) において現れた比例係数 L は，自己誘導の起こしやすさの度合いを表しており，**自己インダクタンス**（Self Inductance）と呼ばれている。自己インダクタンスの大きさは，コイルの巻数や鉄心の材質などによって異なり，その基本単位は [H]（**ヘンリー**：Henry）である。種々のコイルはそれぞれ固有の自己インダクタンスを持っている。

コイルの巻線を流れる電流が増加しているとき，コイルは回路から電力を消費している。コイルの巻線を流れる電流が減少しているとき，コイルは回路に電力を供給している。一般に，自己インダクタンス L [H] のコイルの巻線に電流 I [A] が流れているとき，コイルのなかの磁界には次式で表される大きさの**磁気エネルギー** W [J] が蓄えられている。このエネルギーは，**巻線を流れる電流が増加しているときに蓄積され，電流が減少するときに放出**される。

$$W = \frac{1}{2}LI^2 \quad [\text{J}] \qquad (1.16)$$

図1.20 のように，2 つのコイルが接近して置かれていたり，鉄心を共有していたりする場合を考える。一方のコイルの巻線（1 次巻線）に流れる電流の大きさが変化すると，その電流によって形成される磁界の強さも変化する（アンペールの法則）。これによって，

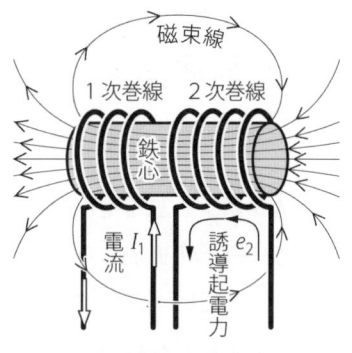

図1.20　相互誘導

近くにあるもう一方のコイルを貫く磁束線も増減する。したがって，そのもう一方のコイルの巻線（2次巻線）に，その磁束の変化を打ち消そうとする誘導起電力が生じる（レンツの法則とファラデーの法則）。

つまり，**1 次巻線に流れる電流の大きさが変化したとき，2 次巻線に誘導起電力が生じる**。逆に，2次巻線に流れる電流の大きさが変化したときには，1次巻線に誘導起電力が生じる。この現象を，**相互誘導**（Mutual Induction）という。相互誘導の現象は，後の CHAPTER 2 で学ぶとおり，変圧器の働きにおいて利用されている。

一般に，相互誘導によって2次巻線に生じる誘導起電力の大きさ e_2 [V] は，1次巻線に流れる電流の大きさ I_1 [A] の単位時間あたりの変化量（$\Delta I_1/\Delta t$ [A/s]）に比例し，次式のように表される。

$$e_2 = -M\frac{\Delta I_1}{\Delta t} \quad [\text{V}] \tag{1.17}$$

この式(1.17)において現れた比例係数 M は，相互誘導の起こしやすさの度合いを表しており，**相互インダクタンス**（Mutual Inductance）と呼ばれている。相互インダクタンスの大きさは，2つのコイルの自己インダクタンスや配置などによって異なり，その基本単位は自己インダクタンスと同じく [H]（ヘンリー）である。

1.3 交流回路

(1) 交流回路の電流と電圧

電池から生まれる電流のように，つねに同じ方向に流れる電流を，<ruby>直<rt>ちょくりゅう</rt></ruby>流電流あるいは単に**直流**（Direct Current）という。また，電流の循環する方向が一定に保たれる回路を，**直流回路**（Direct Current Circuit）という。

図 1.1 の装置を作り替え，電池を逆方向にして接続すると，電気の流れも逆方向の循環となる。しかし，それでも図 1.21 のように，電球は変わらず点灯

し，電池は変わらず消耗する。すなわち，**電流の向きが変わってもエネルギーの流れの向きは変わらない**。

電流の向きを頻繁に切り替えながらも，電源から電気エネルギーを供給し，負荷において熱や仕事などの働きを生み出す回路を作ることができる。このような回路を**交流回路**（Alternating Current Circuit）という。交流回路は直流回路に比べて，後の CHAPTER 2 で学ぶように，電圧の変換（変圧）が容易であるという利点を持つ。家庭や工場や船舶における主な電気系統の多くは交流回路となっている。

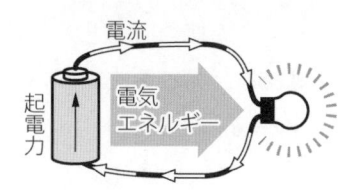

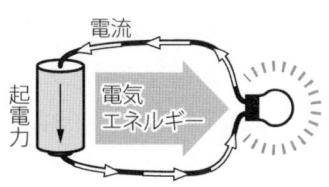

図 1.21　電流の反転

交流回路における電流や電圧などは，時間とともに向きと大きさを変えていく。それぞれの時刻の瞬間における電流や電圧などの向きと大きさを，**瞬時値**（Instantaneous Value）という。時間を横軸とし，時間とともに変化する瞬時値を縦軸に，**ある方向のときは正の値，逆方向のときは負の値**としてグラフに表していくと，たとえば図 1.22 のようになる。電流や電圧などの大きさの最も大きくなる瞬間における値を，**最大値**（Maximum Value）という。

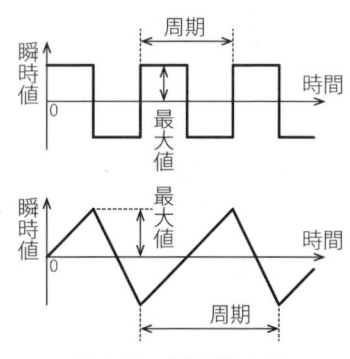

図 1.22　交流電流の例

このように，時間とともに変化する様子を表すグラフの形（これを**波形**という）を見ると，交流回路における電流や電圧などが，通常，同じような変化を一定の時間ごとに繰り返していることがわかる。単位時間（1[s]）あたりのその繰り返しの回数を**周波数**（Frequency）という。周波数の大きさの記号は f，基本単位は [Hz]（**ヘルツ**）である。同じような変化が繰り返される時間間隔は**周期**（Period）と呼ばれ，周波数の逆数（$1/f$）に等しい。周期の基本単位は [s]（秒）である。

一定の周期で向きと大きさの変化する電流を，**交流電流**あるいは単に**交流**（Alternating Current）といい，交流電流を流そうと働く電圧を**交流電圧**（Alternating Voltage），交流電圧を生み出す起電力を**交流起電力**という。これら交流回路の諸量の波形には図 1.22 のようにさまざまなものがあるが，代表的なものが図 1.23(a)～(c)のような<ruby>正弦波<rt>せいげんは</rt></ruby>である。船舶などの同期発電機から生まれる起電力は，およそ式(1.14)のように時間とともに変化し，その波形は図 1.17 のように正弦波となる。

　正弦波交流起電力の，ある時刻から t [s]だけ経過した時刻における瞬時値 e [V]は，最大値が E_m [V]，周波数が f [Hz]のとき，一般に次式のように表される。

$$e = E_m \sin(2\pi f t + \alpha) \quad [\text{V}] \tag{1.18}$$

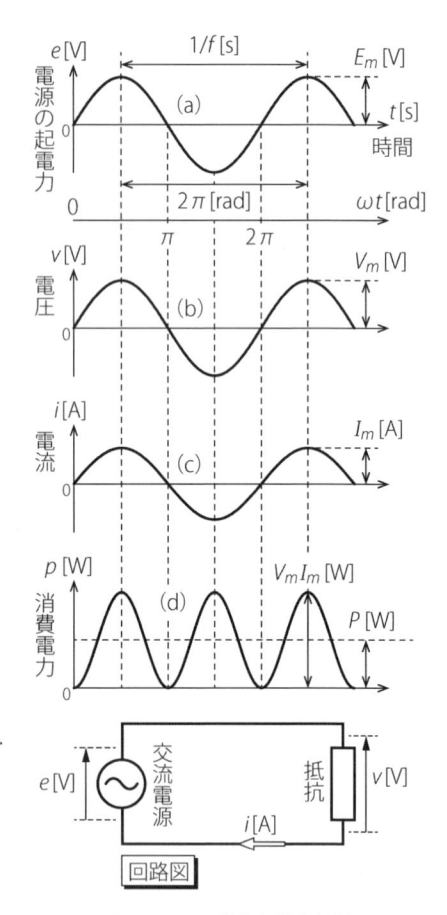

図 1.23　正弦波交流と抵抗

　この式における$(2\pi f t + \alpha)$の値は，この正弦波の時刻 t における**位相**（Phase）と呼ばれ，単位は角度と同じ[rad]である。また α は，基準となる時刻（$t=0$ [s]の時刻）における位相であり，初期位相と呼ばれる。図 1.23(a)の例では $\alpha=0$ [rad]としている。

　ここで，交流回路の諸量を表す式を単純に書くために，周波数の 2π 倍の値 ω（オメガ）を使うことにする。これは**角周波数**（Angular Frequency）と呼ばれる値で，単位は[rad/s]となる。すると，$\omega = 2\pi f$ であるから，式(1.18)は次の

ように書き換えることができる．

$$e = E_m \sin(\omega t + \alpha) \quad [\text{V}] \tag{1.19}$$

周波数が一定の交流の波形をグラフに描くとき，図 1.23(a)の下のように，横軸を時間 t[s]とする代わりに，角周波数と時間の積 ωt[rad]（$=2\pi f t$[rad]）とすることもある．この描き方では，横軸の値の差は，位相の差と等しくなる．

この正弦波交流起電力によって抵抗に電流を流すと，抵抗の両端に現れる電位差（電圧）の瞬時値 v[V]の波形や，抵抗に流れる電流の瞬時値 i[A]の波形も，図 1.23(b)(c)のように正弦波となる．電圧の最大値が V_m[V]，電流の最大値が I_m[A]となるならば，それぞれの瞬時値は次式のように表される．

$$v = V_m \sin(\omega t + \alpha) \quad [\text{V}] \tag{1.20}$$

$$i = I_m \sin(\omega t + \alpha) \quad [\text{A}] \tag{1.21}$$

抵抗において，電圧と電流の位相はつねに一致している．すなわち，電圧と電流の瞬時値が最大値となる時刻はいつも同時であり，またゼロとなる時刻も同時である．このような関係のとき，電流は電圧と**同相**(In-Phase)であるという．

抵抗における電圧の瞬時値と電流の瞬時値の間には，どの時刻においても，直流回路の場合（式(1.1)や式(1.3)）と同様，オームの法則が成り立っている．したがって，抵抗 R[Ω]における正弦波交流電圧の最大値 V_m[V]と，正弦波交流電流の最大値 I_m[A]の間にも，次式のような比例関係が成り立っている．

$$V_m = RI_m \quad [\text{V}] \tag{1.22}$$

この抵抗において消費される電力の大きさも，やはり時間とともに変化するが，その消費電力の瞬時値 p[W]は，直流回路における消費電力（(式 1.6)）と同様，電圧の瞬時値 v[V]と電流の瞬時値 i[A]の積となり，次式のように表される．

$$p = vi \quad [\text{W}]$$
$$= V_m I_m \sin^2(\omega t + \alpha) \quad [\text{W}] \tag{1.23}$$

この式をグラフに描いてみると，図 1.23(d)のように，時刻によって $0\,[\text{W}]$ から $V_m I_m\,[\text{W}]$ の間で変動していることがわかる。負の値になること（抵抗から回路に電力が供給されること）は決してなく，エネルギーの流れはつねに電源から抵抗へと向かう。この電力の時間的平均値（平均電力）$P\,[\text{W}]$ は，次式で表される正の値となる。

$$P = \frac{V_m I_m}{2} \quad [\text{W}]$$
$$= \frac{1}{R}\left(\frac{V_m}{\sqrt{2}}\right)^2 = R\left(\frac{I_m}{\sqrt{2}}\right)^2 \quad [\text{W}] \tag{1.24}$$

これは，次に示す式(1.25)の一定の電圧 $V\,[\text{V}]$ が抵抗 $R\,[\Omega]$ にかかる直流回路での消費電力と等しい。また，式(1.26)の一定の電流 $I\,[\text{A}]$ が抵抗 $R\,[\Omega]$ に流れる直流回路での消費電力とも等しい。

$$V = \frac{V_m}{\sqrt{2}} \quad [\text{V}] \tag{1.25}$$

$$I = \frac{I_m}{\sqrt{2}} \quad [\text{A}] \tag{1.26}$$

この式(1.25)の V を，式(1.20)の交流電圧の**実効値**（Effective Value）という。また，式(1.26)の I を，式(1.21)の交流電流の実効値という。**交流の電流計や電圧計に表示される値は**，この実効値である。また，次式(1.27)の E を，式(1.19)の交流起電力の実効値という。

$$E = \frac{E_m}{\sqrt{2}} \quad [\text{V}] \tag{1.27}$$

正弦波交流回路の抵抗において消費される平均電力 $P\,[\text{W}]$ は，次式のよう

に，交流電圧の実効値 V[V]と交流電流の実効値 I[A]の積に等しくなる。これはまるで，直流回路の場合（式(1.6)）と同じような関係である。

$$P = VI \quad [\text{W}] \tag{1.28}$$

また，抵抗 R[Ω]においては，電圧の実効値 V[V]と電流の実効値 I[A]の間にも，次式のようにオームの法則が成り立っている。

$$V = RI \quad [\text{V}] \tag{1.29}$$

(2) 交流回路におけるコイル

　船舶に搭載されている同期発電機には，種々のポンプやスラスターなどを動かす誘導電動機が接続している。これらの誘導電動機は，後の CHAPTER 4 で学ぶとおり，コイルを含む構造となっている。

　前節ですでに学んだとおり，コイルの巻線に流れる電流が変化するときには，自己誘導により図 1.19 のように，その電流の変化を妨げようとするような向きと大きさの誘導起電力が生じる。コイルの巻線に交流電流が流れているとき，つまり図 1.24(a)のように一定の周期で向きと大きさが変化しているとき，誘導起電力によって巻線の両端に現れる電位差（電圧）も，図 1.24(b)のように同じ周期で向きと大きさを変化させる。

　ただし，電流の向きが負から正へと変わるとき，電圧は正の最大値となり，電流が正の最大値を迎えるとき，電圧

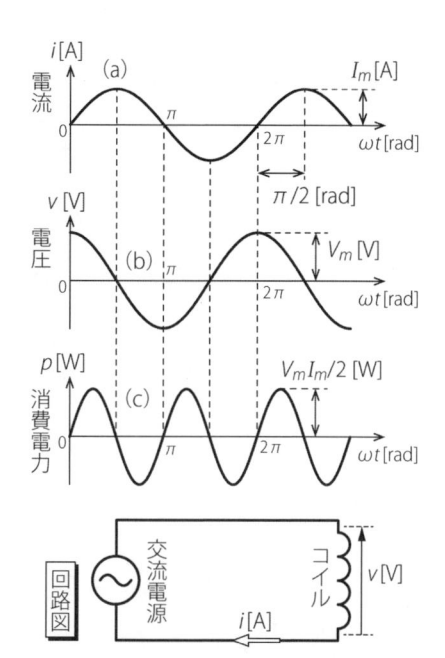

図 1.24　コイルと正弦波交流

の向きは正から負へと変わる。すなわち**電圧と電流の変化のタイミングは一致しない**。コイルの巻線に式(1.21)の正弦波交流電流が流れている場合，巻線の両端に現れる電圧の瞬時値 v [V] は，その最大値が V_m [V] となるならば，次式のように表される。

$$v = V_m \sin\left(\omega t + \alpha + \frac{\pi}{2}\right) \quad [\text{V}] \tag{1.30}$$

式(1.21)の電流の位相（$\omega t + \alpha$）と，上の式の電圧の位相（$\omega t + \alpha + \pi/2$）の間には，どの瞬間においても $\pi/2$ [rad]（90度・¼周期）だけの差がある。この**位相差**は，電圧と電流の変化のタイミングのずれの大きさを表す。電圧と電流の位相差を表す記号には，φ（ファイ）が用いられる。コイルにおいて，電圧の瞬時値と電流の瞬時値は，比例しない。

電圧の最大値 V_m [V] と電流の最大値 I_m [A] の間や，電圧の実効値 V [V] と電流の実効値 I [A] の間には，コイルにおいても比例関係が成り立っているが，その比例係数は，交流電流の周波数 f [Hz] や角周波数 ω [rad/s]（$=2\pi f$）によって変化する。自己インダクタンス L [H] のコイルの場合，それらの関係は次式のようになる。

$$\begin{aligned} V_m &= X_L I_m \quad [\text{V}] \\ &= 2\pi f L I_m = \omega L I_m \quad [\text{V}] \end{aligned} \tag{1.31}$$

$$\begin{aligned} V &= X_L I \quad [\text{V}] \\ &= 2\pi f L I = \omega L I \quad [\text{V}] \end{aligned} \tag{1.32}$$

この電圧と電流の間の比例係数 X_L は，コイルにおける交流電流の流れにくさの度合いを表し，**誘導性リアクタンス**（ゆうどうせい）（Inductive Reactance）と呼ばれ，基本単位は抵抗と同じ [Ω]（オーム）であるが，次式のとおり周波数によって変化する値である。また，X_L の逆数の B_L（$=1/X_L$）は**誘導性サセプタンス**と呼ばれ，基本単位はコンダクタンスと同じく [S]（ジーメンス）である。

$$X_L = 2\pi f L = \omega L \quad [\Omega] \tag{1.33}$$

図1.24のような，1つの電源に1つのコイルを接続しただけの正弦波交流回路においては，電源の起電力（電圧 v に等しい）の変化に比べて，つねに一定のタイミング（位相差 $\pi/2$ [rad]・90度・¼周期）だけ遅れて，回路の電流が変化しているように見える。このような状態のとき，電流は電圧より**位相が遅れている**（Lag）という。

回路のなかのコイルは，電流の変化を妨げようと働く。交流回路においては，**周波数が大きくなるほど，コイルには電流が流れにくくなる**。電流の急激な変化を防ぐため，交流電流の波形を安定させるために，あえて回路にコイルが組み込まれることも多い。

図1.25のように抵抗とコイルを組み合わせた回路（RL回路という）に，交流電源から正弦波交流電流を流すときも，その電流の変化は電源の起電力に比べて，ある程度のタイミングだけ遅れ続ける。その遅れの位相差 φ は，抵抗とコイルの組み合わせ方や周波数によっても変わるが，0 [rad] から $\pi/2$ [rad] までの間の値となる。

(3) 交流回路の電力

正弦波交流回路のなかのコイルにおける消費電力の瞬時値を，直流回路における消費電力（式(1.6)）と同様，電圧の瞬時値と電流の瞬時値の積として求めると，抵抗の場合（図1.23）と異なり，図1.24(c)のように時刻によって正であったり負であったりする値となり，平均電力はゼロとなる。

消費電力が正の時間には，コイルは回路から電力を消費して内部にエネルギーを蓄積し，消費電力が負の時間には，コイルは内部からエネルギーを放出して回路に電力を供給している。1つの交流電源に1つのコイルを接続しただけの，抵抗のない回路においては，**電気エネルギーは電源とコイルの間を往復する**ばかりで，回路から熱や仕事などの働きは生まれない。

図1.25のように抵抗とコイルを組み合わせたRL回路の全体における消費電力の瞬時値は，時刻によって正であったり負であったりするが，その時間的平

均値 P は正となる。その平均値は，すなわち回路のなかの抵抗において消費された電力の平均値に等しい。

しかし RL 回路では，電力を消費しないコイルにも電流が流れたりするため，RL 回路全体にかかる電圧（＝電源の起電力）の実効値 $V[\mathrm{V}]$ と，RL 回路全体に流れる電流の実効値 $I[\mathrm{A}]$ との積は，平均電力 $P[\mathrm{W}]$ よりも大きくなってしまう。これは抵抗だけの回路の場合（式(1.22)）とは異なるふるまいである。

電圧の実効値（電圧計の値）と電流の実効値（電流計の値）の単純な積 VI の値を，**皮相電力**（Apparent Power）❸という。この言葉は，うわべだけの見せかけの電力という意味である。皮相電力の単位は[V・A]（**ボルトアンペア**）である。これに対して実際に回路で消費される電力の平均値 P を，**有効電力**（Effective Power）❸という。**有効電力は皮相電力よりも小さくなる。**

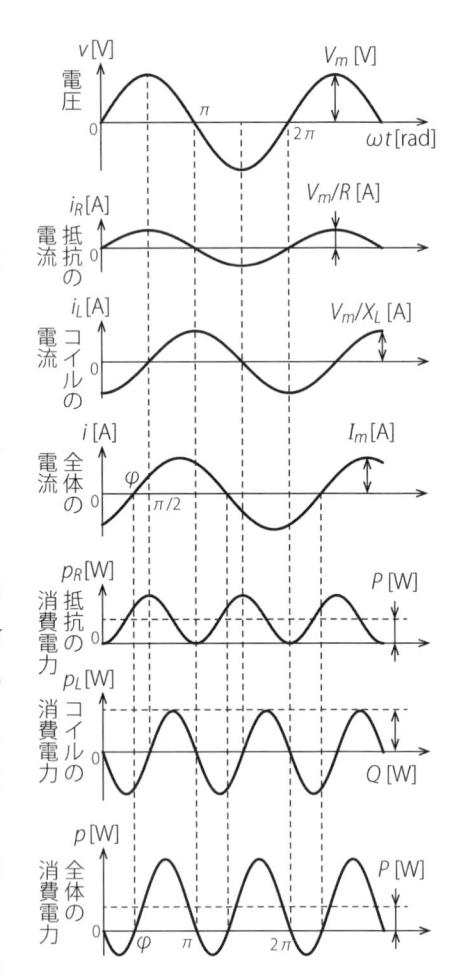

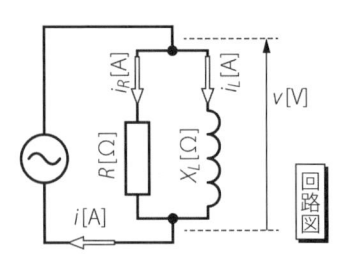

有効電力の皮相電力に対する比率（P/VI）を，**力率**（Power Factor）❸という。力率は 0 から 1 の間の値となる。電熱線の力率は 1 に近いが，誘導電動機の力率は 0.8 程度であることが多い。船舶の電気系統では誘導電動機が多く

図 1.25 RL 並列回路での正弦波交流

使われており，全体の力率は概ね 0.8 程度となる。正弦波交流回路における力率は，次式のように，電圧と電流の位相差 φ の余弦（$\cos\varphi$）に等しくなる。

$$\frac{P}{VI} = \cos\varphi \tag{1.34}$$

一方，電源を含む回路のなかで往復するだけの電力の最大値 Q は，**無効電力**（Reactive Power）と呼ばれている。無効電力の皮相電力に対する比率は，正弦波交流回路においては，次式のように，電圧と電流の位相差 φ の正弦（$\sin\varphi$）に等しくなる。

$$\frac{Q}{VI} = \sin\varphi \tag{1.35}$$

電圧と電流の位相差 φ がゼロに近いほど，すなわち力率が 1 に近いほど，有効電力と皮相電力は近くなり，無効電力は少なくなる。一方で，力率が小さいほど，余分な電流が回路全体に流れることになる。

（4） 交流回路におけるコンデンサ

コンデンサ（Capacitor）は，絶縁体を挟んで向かい合う 2 枚の導体によって構成されており，導体間に電位差を作り，**静電エネルギー**を蓄えることができる装置である。コンデンサに正弦波交流電流が流れているとき，導体間の電位差（電圧）も，図 1.26(a)(b) のように同じ周期で向きと大きさを変化させる。ただし，電圧と電流の変化の

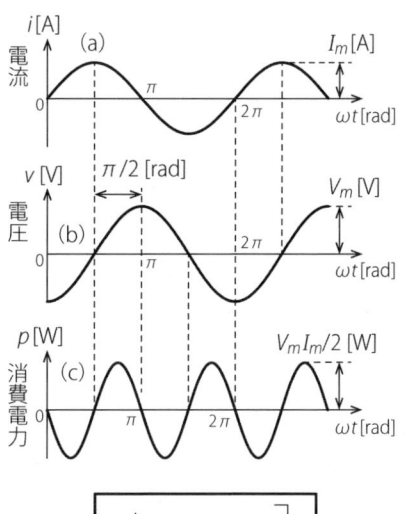

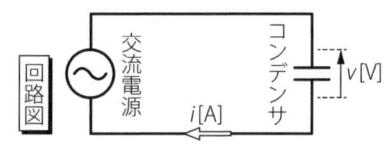

図 1.26 コンデンサと正弦波交流

タイミングは一致しない。コンデンサに式(1.21)の正弦波交流電流が流れている場合，導体間に現れる電圧の瞬時値 v [V] は，その最大値が V_m [V] となるならば，次式のように表される。

$$v = V_m \sin\left(\omega t + \alpha - \frac{\pi}{2}\right) \quad [\text{V}] \tag{1.36}$$

正弦波交流回路のなかのコンデンサにおいては，電流の変化に比べて，つねに一定のタイミング（位相差 $\pi/2$ [rad]・90度・¼周期）だけ遅れて，電圧が変化することになる。すなわち電圧は電流より位相が遅れていることになる。この状態のとき，電流は電圧より**位相が進んでいる**（Lead）ともいう。位相の進みと遅れの関係は図 1.27 のとおりである。

電圧の最大値 V_m [V] と電流の最大値 I_m [A] の間や，電圧の実効値 V [V] と電流の実効値 I [A] の間には，コンデンサにおいても次式(1.37)や(1.38)のような比例関係が成り立っている。その比例係数 X_C は**容量性リアクタンス**（Capacitive Reactance）と呼ばれ，基本単位は抵抗や誘導性リアクタンスと同じく [Ω]（オーム）であり，式(1.39)のとおり周波数 f [Hz] や角周波数 ω [rad/s]（$=2\pi f$）によって変化する値である。

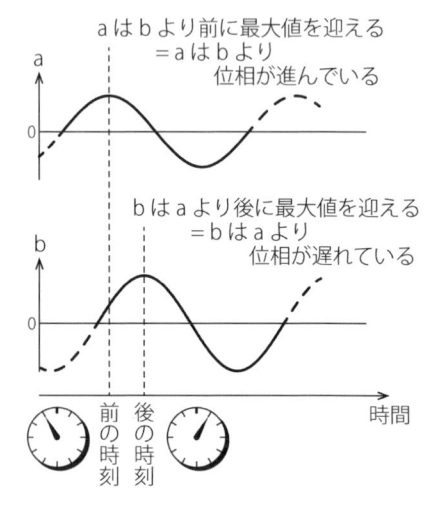

図 1.27 位相の進みと遅れ

$$V_m = X_C I_m \quad [\text{V}] \tag{1.37}$$

$$V = X_C I \quad [\text{V}] \tag{1.38}$$

$$X_C = \frac{1}{2\pi f C} = \frac{1}{\omega C} \quad [\Omega] \tag{1.39}$$

ここで式(1.39)に現れた定数 C は，コンデンサの導体の面積や絶縁体の材質などによって異なる**静電容量**（キャパシタンス：Capacitance）の大きさであり，その基本単位は［F］（**ファラド**：Farad）である。X_C の逆数の B_C（$=1/X_C$）は**容量性サセプタンス**と呼ばれ，基本単位はコンダクタンスや誘導性サセプタンスと同じく［S］（ジーメンス）である。

また，誘導性リアクタンスと容量性リアクタンスの両方を指して**リアクタンス**（Reactance）と呼び，誘導性サセプタンスと容量性サセプタンスの両方を指して**サセプタンス**と呼ぶ。

抵抗とコイルとコンデンサを組み合わせた回路に，交流電源から正弦波交流電流を流すと，その電流の位相は電圧より進んだり遅れたりする。誘導電動機のように，コイルを含まざるをえない回路においても，そのコイルとつりあうようなコンデンサを組み込むことで，回路全体における電圧と電流の位相差をゼロに近づけることができる。そうすることで回路全体の力率を 1 に近づけ，余分な電流が回路全体に流れないよう工夫することができる。このような工夫を，**力率改善**という。このとき，コイルから出入りする無効電力（図 1.24(c)）は，コンデンサから出入りする無効電力（図 1.26(c)）と相殺し合うことになる。

また，回路のなかのコンデンサは電圧の変化を妨げようと働く。電圧の急激な変化を防ぐため，交流電圧の波形を安定させるために，回路にコンデンサが組み込まれることも多い。

(5) 交流回路のベクトル図

正弦波交流回路の諸量の計算方法には，三角関数などの数式を使う方法の他に，図を使う方法もある。この項で説明する**ベクトル図**というものを描いてみると，正弦波交流回路の状態を表す諸量を**簡単に把握**することができる。

図 1.28 の①〜④のような，反時計回りに回転する矢印を想像する。その矢印の縦軸への投射（図の②や④で影のように示したもの）は，矢印の回転角に

正弦波交流電流のベクトル $\dot{i}_m$

① $\pi/2$ [rad] (= 90°)

② (5/6)π [rad] (=150°)

③ π [rad] (=180°)

④ (4/3)π [rad] (=240°)

ベクトル図

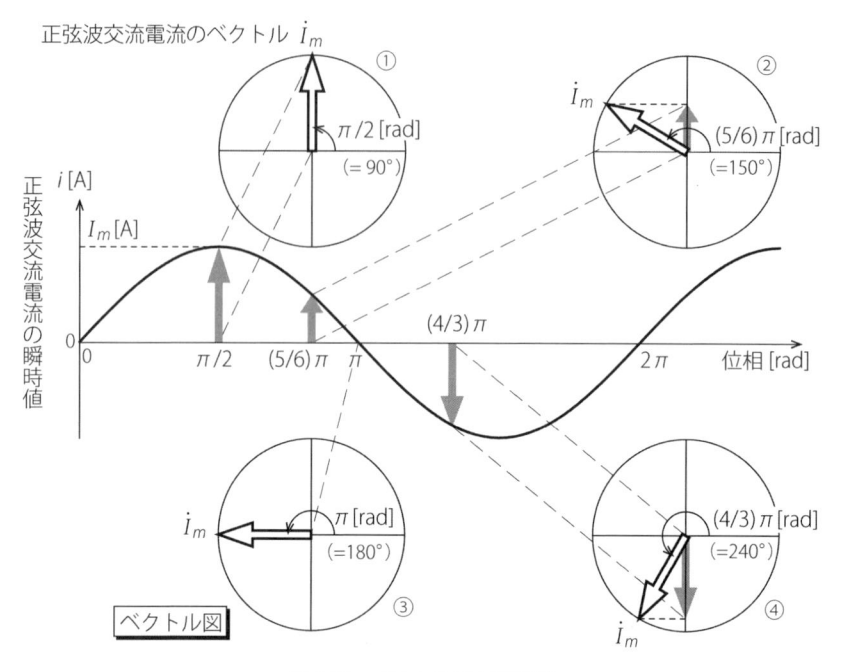

図 1.28　ベクトル図と瞬時値

応じて伸びたり縮んだり，上を向いたり下を向いたりする．回転する矢印における回転角と投射の関係は，正弦波における位相と瞬時値の関係と同じである．その正弦波の最大値は，回転する矢印の長さによって決まる．

図 1.28 の①〜④の矢印のように，長さの量（大きさ）と角度の量（向き）の両方を同時に表すことのできるものは，**ベクトル**（Vector）と呼ばれている．また，これらのようにベクトルを矢印として描いた図を，ベクトル図という．

たとえば最大値 I_m の正弦波交流電流の変化の様子は，式(1.21)のような数式を用いても，図 1.23(c)のようなグラフを用いても，そして図 1.28 の①〜④のような，長さ I_m のベクトル $\dot{i}_m$ のベクトル図を用いても表現できる．ベクトルを表す記号には，電気工学の分野では，文字の上に点（ドット）を付けたものが用いられる．

図 1.25 のように，抵抗とコイルが並列（Parallel）に組み合わされた回路（RL

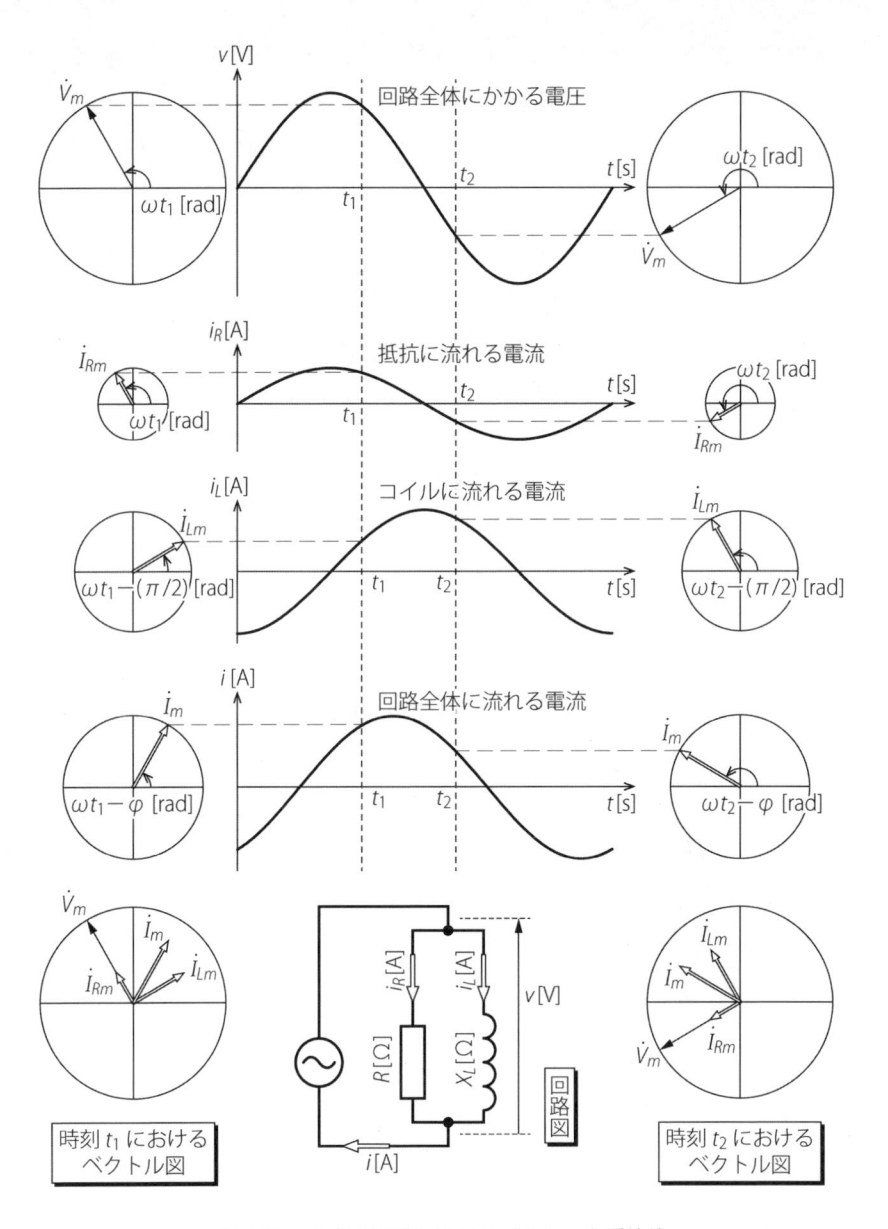

図 1.29　RL 並列回路におけるベクトルと瞬時値

並列回路）に，正弦波交流起電力の電源を接続したときの電圧と電流も，図 1.29 のようにベクトル図によって表現できる。

　このような回路ではどの正弦波も同じ周波数（同じ周期）で変化を繰り返すから，どのベクトルも同じ速さで回転していく。したがって，ベクトルとベクトルの間の相対的な角度は，時間が経っても変化しない。$\dot{I}_{Rm}$ はつねに $\dot{V}_m$ と同じ方向であり，$\dot{I}_{Lm}$ と $\dot{V}_m$ の間の角度はつねに $\pi/2$ [rad]（90度）である。この，**ベクトルとベクトルの間の角度は，正弦波と正弦波の間の位相差**を表している。

　したがって，もし瞬時値まで計算する必要がなく，最大値と位相差さえ求まればよい問題の場合には，適当な1つの瞬間のベクトル図だけ描けばよいことになる。多くの場合，位相差の基準となる正弦波が1つ選ばれ，その位相がゼロ（ベクトルの向きが右）になるような瞬間のベクトル図が描かれる。

　また，電流であれ電圧であれ，実効値と最大値の比率はつねに一定（$1:\sqrt{2}$）である。ゆえに，実効値をベクトルの長さとするベクトル図を描いても，最大値をベクトルの長さとするベクトル図を描いても，全体として図の縮尺が一律に変わるだけで，ベクトルとベクトルの間の関係は変わらない。実効値と位相差について計算する際には，**実効値を長さとするベクトル図のほうが便利**である。

　図 1.29 の RL 並列回路について，回路全体にかかる電圧を基準とし，実効値をベクトルの長さとしてベクトル図を描くと，図 1.30 のようになる。

　抵抗に流れる電流の位相は電圧と同相であるから，その電流のベクトル $\dot{I}_R$ の向きは，電圧のベクトル $\dot{V}$ にそろう。抵抗の大きさが R [Ω] であれば，式(1.29)より，ベクトル $\dot{I}_R$ の大きさ（実効値）は $I_R = V/R$ [A] と定まる。

　一方でコイルに流れる電流の位相は，電圧より遅れている。したがって，その電流のベクトル $\dot{I}_L$ は，ベクトル $\dot{V}$ から見て右になるほうを向いて

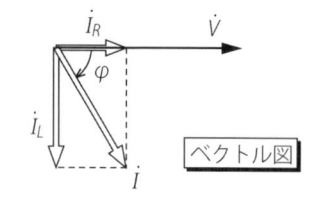

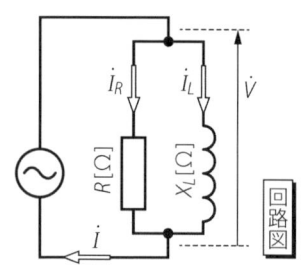

図 1.30　RL 並列回路における実効値と位相の計算

描かれることになる。また，コイルに流れる電圧と電流の位相差は $\pi/2$ [rad]（90度・$\frac{1}{4}$周期）であるから，ベクトル $\dot{I}_L$ はベクトル $\dot{V}$ と直交することになる。コイルの誘導性リアクタンスの大きさが X_L [Ω] であれば，式(1.32)より，ベクトル $\dot{I}_L$ の大きさ（実効値）は $I_L=V/X_L$ [A] と定まる。

さて，図1.29のようなRL並列回路の全体に流れる電流は，どの瞬間においても，抵抗に流れる電流とコイルに流れる電流の和に等しく，瞬時値の間にはつねに $i=i_R+i_L$ の関係が成立している。しかし，交流電流の最大値の間や実効値の間には，そのような関係は成立しない。単純に I_R+I_L によって回路全体の電流の実効値を求めることができるわけではない。

並列回路の全体に流れる電流の実効値や位相は，ベクトル図を用いて求めることができる。ベクトル $\dot{I}_R$ とベクトル $\dot{I}_L$ の**ベクトル和**を描いてみれば，それは図1.30のとおり，回路全体に流れる電流のベクトル $\dot{I}$ に等しくなるからである。これらのベクトルの間の関係を数式の形で書けば，次式のようになる。なお一般にベクトルの和は図1.31のように求まる。

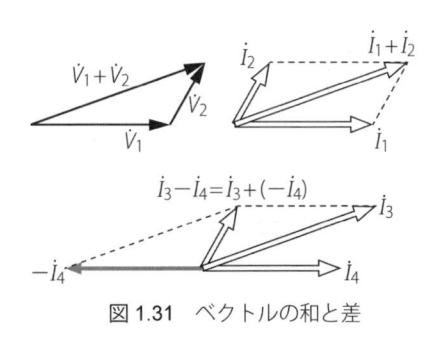

図1.31　ベクトルの和と差

$$\dot{I} = \dot{I}_R + \dot{I}_L \quad (\text{RL 並列回路}) \tag{1.40}$$

RL並列回路の全体に流れる電流の実効値 I [A]（ベクトル $\dot{I}$ の大きさ）は，次式のように計算できる。ベクトル $\dot{I}_R$ とベクトル $\dot{I}_L$ が直交していて，三平方の定理が使えるからである。

$$I = \sqrt{I_R^2 + I_L^2} \quad [\text{A}] \quad (\text{RL 並列回路}) \tag{1.41}$$

また，並列回路の全体の電圧 $\dot{V}$ と電流 $\dot{I}$ の位相差 φ は，次式によって求まる。

$$\cos\varphi = \frac{I_R}{I}$$
$$\varphi = \cos^{-1}\frac{I_R}{I} \quad \text{(RL 並列回路)} \tag{1.42}$$

　この位相差 φ の余弦（$\cos\varphi$）は，式(1.34)のとおり，回路の力率にも等しい。並列回路の有効電力 P は回路のなかの抵抗で消費される平均電力 VI_R に等しく，その皮相電力に対する比率（P/VI）は I_R/I に等しくなるからである。同様に，並列回路の無効電力 Q の皮相電力に対する比率（Q/VI）は I_L/I に等しく，式(1.35)のとおり位相差 φ の正弦（$\sin\varphi$）に等しくなる。

　RL 並列回路の抵抗に流れる電流のように，有効電力の消費にかかわる電流を**有効電流**（Effective Current）といい，その実効値は一般に全電流の $\cos\varphi$ 倍（φ は電源電圧と全電流の位相差）である。一方で RL 並列回路のコイルに流れる電流のように，有効電力の消費にかかわらない余分な電流を**無効電流**（Reactive Current）といい，その実効値は一般に全電流の $\sin\varphi$ 倍である。

（6） 交流回路のインピーダンス

　さて今度は図 1.32 のような，抵抗とコイルが直列（Series）に組み合わされた回路（RL 直列回路）に，正弦波交流電源を接続したときの電圧と電流を計算する。直列回路であるから，抵抗とコイルに流れる電流はつねに同じとなる。ゆえに今度は，RL 直列回路の全体に流れる電流の実効値 I [A]と位相を示すベクトル $\dot{I}$ を基準としてベクトル図を描くことにする。

　抵抗の大きさが R [Ω]であれば，式(1.29)より，抵抗の両端に現れる電位差（電圧）の実効値は $V_R=RI$ [V]と定まる。その位相は電流と同相であるから，その交流電圧を表すベクトル $\dot{V}_R$（大き

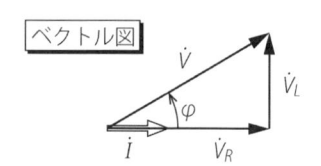

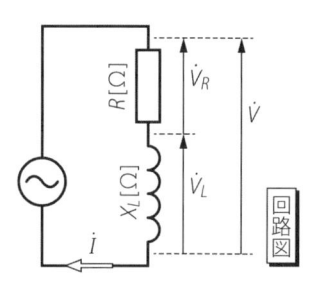

図 1.32　RL 直列回路における実効値と位相の計算

さは V_R）の向きはベクトル $\dot{I}$ と同じである。

コイルの誘導性リアクタンスの大きさが $X_L[\Omega]$ であれば，式(1.32)より，コイルの両端に現れる電位差（電圧）の実効値は $V_L=X_L I[V]$ と定まる。ただしその電圧の位相は電流よりも $\pi/2[\mathrm{rad}]$（90度・¼周期）だけ進んでいる（電流の位相が電圧より遅れている）。したがって，その交流電圧を表すベクトル $\dot{V}_L$（大きさは V_L）は，ベクトル $\dot{I}$ から見て左になるほうを向くように，かつ直交するように描かれることになる。

RL直列回路の全体の両端に現れる電位差（電圧）は，どの瞬間においても，抵抗に現れる電圧とコイルに現れる電圧の和に等しい。したがってベクトル $\dot{V}_R$ とベクトル $\dot{V}_L$ のベクトル和を描くことで，図1.32のとおり，そして次式のとおり，全体の電圧を表すベクトル $\dot{V}$ を得ることができる。

$$\dot{V} = \dot{V}_R + \dot{V}_L \quad (\text{RL 直列回路}) \tag{1.43}$$

そして，ベクトル $\dot{V}_R$ とベクトル $\dot{V}_L$ が直交していることから，RL直列回路の全体に現れる電圧の実効値 $V[V]$（ベクトル $\dot{V}$ の大きさ）は，次式のように計算できる。

$$\begin{aligned}V &= \sqrt{V_R^2 + V_L^2} \quad [V] \quad (\text{RL直列回路}) \\ &= \sqrt{(RI)^2 + (X_L I)^2} = I\sqrt{R^2 + X_L^2} \quad [V]\end{aligned} \tag{1.44}$$

交流電源と抵抗負荷を，リアクタンスを持つ電線によって接続した場合，図1.32のように，負荷にかかる電圧の実効値 V_R は電源の起電力（＝回路全体にかかる電圧）の実効値 V よりも小さくなる。直流回路の抵抗において電圧降下が現れるように（1.1節），交流回路では**抵抗とリアクタンスにおいて電圧降下が実効値の上で現れる**と考えることができる。ただし，**エネルギーの消費や損失は抵抗においてのみ**生じ，リアクタンスにおいては生じない。

抵抗とコイルとコンデンサ（容量性リアクタンス $X_C[\Omega]$）が直列に組み合わされた回路（RLC直列回路）においては，回路全体に現れる電圧の実効値

と，回路全体に流れる電流の実効値の関係は，次式のようになる。

$$V = I\sqrt{R^2 + (X_L - X_C)^2} \quad [\text{V}] \quad (\text{RLC 直列回路}) \tag{1.45}$$

すなわち，直列回路に実効値 $V[\text{V}]$ の正弦波交流電圧をかけたとき，流れる交流電流の実効値 $I[\text{A}]$ は，次式のように計算できる。

$$I = \frac{V}{\sqrt{R^2 + (X_L - X_C)^2}} \quad [\text{A}] \quad (\text{RLC 直列回路}) \tag{1.46}$$

一般に，抵抗とコイルとコンデンサを組み合わせた回路においては，電圧の実効値 $V[\text{V}]$ と電流の実効値 $I[\text{A}]$ の間には，次式のように比例関係が成り立つ。

$$V = ZI \quad [\text{V}] \tag{1.47}$$

記号 Z で表される，電圧と電流の比 $(=V/I)$ は，**インピーダンス**(Impedance)❸と呼ばれ，回路における**交流電流の流れにくさの度合い**を表し，基本単位は抵抗と同じ $[\Omega]$（オーム）である。インピーダンスの大きさに影響を与えるものは，回路の抵抗の大きさ，コイルのインダクタンス，コンデンサの静電容量，および電源の周波数である。

交流電源の周波数が $f[\text{Hz}]$（角周波数 $\omega = 2\pi f[\text{rad/s}]$）のとき，抵抗 $R[\Omega]$ とコイル $L[\text{H}]$（誘導性リアクタンス $X_L[\Omega]$）とコンデンサ $C[\text{F}]$（容量性リアクタンス $X_C[\Omega]$）が直列に組み合わされた回路におけるインピーダンスの大きさは，次式のとおりとなる。

$$\begin{aligned}
Z &= \sqrt{R^2 + (X_L - X_C)^2} \quad [\Omega] \quad (\text{RLC 直列回路}) \\
&= \sqrt{R^2 + \left(2\pi fL - \frac{1}{2\pi fC}\right)^2} \quad [\Omega] \\
&= \sqrt{R^2 + \left(\omega L - \frac{1}{\omega C}\right)^2} \quad [\Omega]
\end{aligned} \tag{1.48}$$

また，インピーダンスの逆数（$1/Z=I/V$）は記号 Y で表され，**アドミタンス**と呼ばれ，基本単位はコンダクタンスと同じく［S］（ジーメンス）である。

交流回路における電圧と電流の位相差 φ は，**インピーダンス角**（Impedance Angle）とも呼ばれている。ただし，電圧のほうが進んでいる場合は正，電流のほうが進んでいる場合は負として表され，$-\pi/2$［rad］から $\pi/2$［rad］までの間の値をとるものである。直列回路におけるインピーダンス角 φ の大きさは，次式によって求まる。

$$\cos\varphi = \frac{V_R}{V} = \frac{R}{Z}$$
$$\varphi = \cos^{-1}\frac{V_R}{V} = \cos^{-1}\frac{R}{Z}$$
　　（RLC 直列回路）　　　　(1.49)

このインピーダンス角 φ の余弦は，並列回路の場合と同様，式(1.34)のとおり，回路の力率にも等しい。直列回路の有効電力 P は，回路のなかの抵抗で消費される平均電力 $V_R I$ に等しく，その皮相電力に対する比率（P/VI）は，V_R/V に等しくなるからである。RLC 直列回路においては，X_L と X_C の値が近いほど，Z は小さくなって R に近づき，力率は大きくなる。

1.4　三相交流回路

(1)　三相交流起電力

前節では，2 本の線路に交流電流を流して電力を送る方式について学んだ。このような方式の交流は，**単相**（Single Phase）交流と呼ばれている。交流の方式はこれだけではない。

三相（Three Phase）方式は，周波数はそろえているが**位相をずらした 3 つの交流電流**を，3 本の線路に流すことで，電力を送る方式である。また，この方式において流される交流電流のことを，**三相交流❸**という。三相方式は単相方式に比べて少し複雑であるが，後の CHAPTER 4 で学ぶとおり，船舶のポン

プやスラスターなどを動かす誘導電動機を働かせるには都合の良い方式である。

三相交流を流そうと働く起電力は，図 1.33 のような三相同期発電機によって作ることができる。この図のモデルでは，図 1.17 のような単相の同期発電機のモデルと比べ，回転するコイルが 3 つに増えている。ただし，その 3 つのコイルは，$\frac{2}{3}\pi$ [rad]（120 度）ずつ角度をずらして配置されており，そのまま一緒に回転しているものである。その回転によって，3 つのコイルそれぞれにおいて誘導起電力が生じるが，それらは周波数も最大値も同じ正弦波交流起電力となる。

図 1.33 は，コイル aa′ の長辺の導体の運動の向きが磁界と直交する瞬間の図である。長辺の導体に生じる誘導起電力と角度との関係は式(1.12)のとおりであるから，この時刻，a から a′ に向かって電流を流そうとする誘導起電力の瞬時値 e_a は，最大となっている。

一方で同じ時刻，コイル bb′ やコイル cc′ の長辺の導体の運動と磁界のなす角度は，$\frac{1}{3}\pi$ [rad] もしくは $\frac{2}{3}\pi$ [rad] であり，式(1.12)より，それらに生じている誘導起電力の大きさは最大値の半分となっている。またこの時刻，コイル bb′ では b′ から b に向かって，コイル cc′ では c′ から c に向かって起電力が生じている。b から b′ への起電力の瞬時値 e_b が最大を迎えるのは，この図の時刻より $\frac{1}{3}$ 周期が経過したときのことであり，またそこからさらに $\frac{1}{3}$ 周期が経過したとき，c から c′ への起電力の瞬時値 e_c が最大を迎える。

これらのような，位相のずれた 3 つの交流起電力の組み合わせが，三相交流

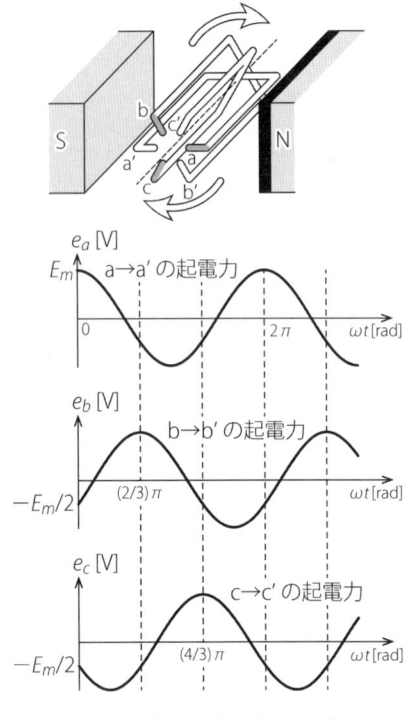

図 1.33 三相同期発電機のモデル図

を生み出す起電力となる。とくに図 1.33 の例のように,周波数が等しく,最大値も等しく(ゆえに実効値も等しく),そして互いに ⅔π[rad](120 度・⅓ 周期)ずつの位相差を持つ組み合わせによる三相方式は,**対称三相方式**と呼ばれ,船舶や工場などで広く用いられている。

最大値が E_m[V],角周波数が ω[rad/s] の,対称三相方式の交流起電力の,ある時刻から t[s] だけ経過した時刻における瞬時値(e_a[V],e_b[V],e_c[V])は,e_a の初期位相が α[rad] のとき,一般に次式のように表される(図 1.33 の例では $\alpha=\pi/2$ [rad] としている)。

$$\begin{aligned} e_a &= E_m \sin(\omega t + \alpha) \quad [\text{V}] \\ e_b &= E_m \sin\left(\omega t + \alpha - \frac{2}{3}\pi\right) \quad [\text{V}] \\ e_c &= E_m \sin\left(\omega t + \alpha - \frac{4}{3}\pi\right) \quad [\text{V}] \end{aligned} \quad (1.50)$$

対称三相交流の起電力の**瞬時値の和**($e_a+e_b+e_c$)は,どの時刻においてもつねにゼロとなっている。これら 3 つの交流起電力の実効値と位相を表すベクトルを,それぞれ $\dot{E}_a$,$\dot{E}_b$,$\dot{E}_c$ とすると,それらの間の関係を表すベクトル図は図 1.34 のようになる。

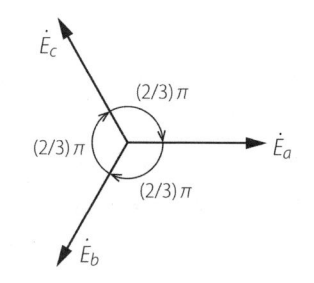

図 1.34　対称三相交流起電力のベクトル図

(2)　三相結線

図 1.33 のような三相同期発電機に負荷を接続すると,三相交流の流れる回路となる。三相同期発電機は,3 つの交流電源が組み合わされたものであるが,それらに接続される負荷の側においても,3 つの負荷が組み合わされることが多い。なおこの節では,3 つの電源の組み合わせは対称三相方式とし,3 つの負荷はインピーダンスの大きさが等しくインピーダンス角も等しいものとする。

三相交流回路に電源や負荷を接続する方式には，主に2種類ある。一つの方式は図 1.35 のような Y 結線（スター結線：Star Connection），もう一つの方式は図 1.36 のような Δ 結線（デルタ結線：Delta Connection）である。ここに挙げた図では，電源の接続方式と負荷の接続方式をそろえてあるが，方式の混在した回路を作ることもできる。いずれの方式でも電源と負荷は 3 本の線路で接続される。

なお一般に，回路図において電流や電圧を表す矢印の方向は，瞬時値が正の値となる場合の方向をそれぞれ示すものである。実際には，それぞれの瞬間の電流は，図 1.37 に示した方向に流れる。**3 本の線路に流れる電流の瞬時値の和は，どの時刻においてもつねにゼロとなっている。**

3 つの交流電源のうちの 1 つの両端や，3 つの負荷のうちの 1 つの両端に現れる電位差を，**相電圧**（Phase Voltage）という。電源の相電圧は，式(1.50)や図 1.34 の 3 つの交流起電力そのものである。一方，電源と負荷を接続する 3 本の線路のうち 2 本の間に現れる電位差を，**線間電圧**（Line-to-Line Voltage）という。

図 1.35 のような Y 結線の場合，線間電圧の瞬時値はつねに，対応する 2 つの相電圧の瞬時値の差となっている。図 1.35 の線路 A と線路 B の間の線間電圧の実効値と位相を表すベクトル $\dot{V}_{AB}$ は，次式のとおり，対応する相電圧のベクトル $\dot{V}_a$ と $\dot{V}_b$ の差となる。

$$\dot{V}_{AB} = \dot{V}_a - \dot{V}_b \quad (\text{Y 結線}) \tag{1.51}$$

この関係をベクトル図で描けば図 1.38 のようになる。Y 結線の場合，線間電圧の位相は相電圧よりも $\pi/6$ [rad]（30 度）だけ進む。また線間電圧の実効値 V_{AB} [V] は，次式のように，相電圧の実効値 V_a [V] の $\sqrt{3}$ 倍となる。

$$V_{AB} = \sqrt{3}\, V_a \quad (\text{Y 結線}) \tag{1.52}$$

一方で図 1.36 のような Δ 結線の場合，線間電圧の瞬時値はつねに，対応す

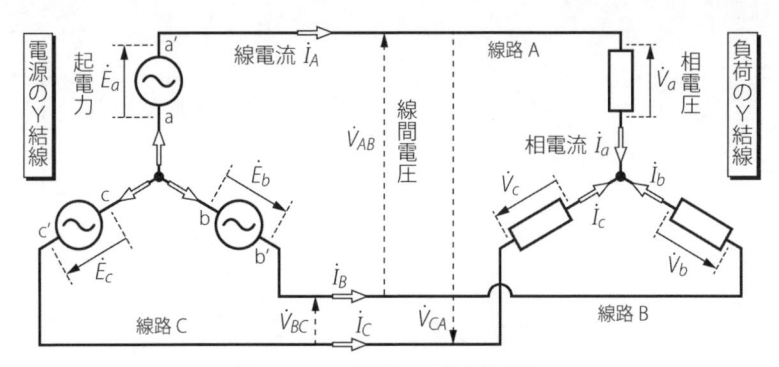

CHAPTER 1　電気機器の基礎

図 1.35　Y-Y 結線の三相交流回路

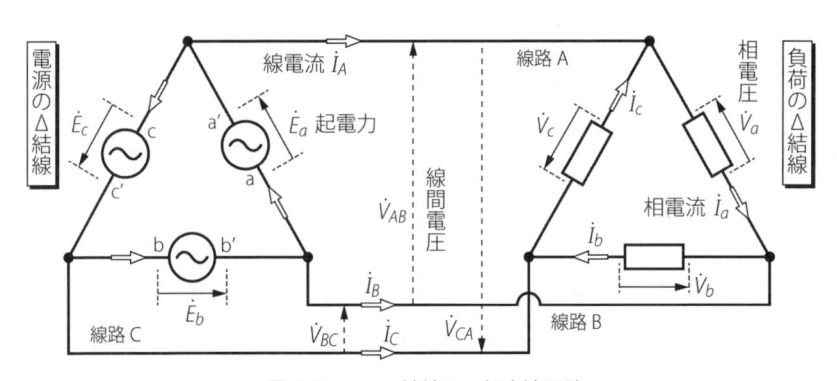

図 1.36　Δ-Δ 結線の三相交流回路

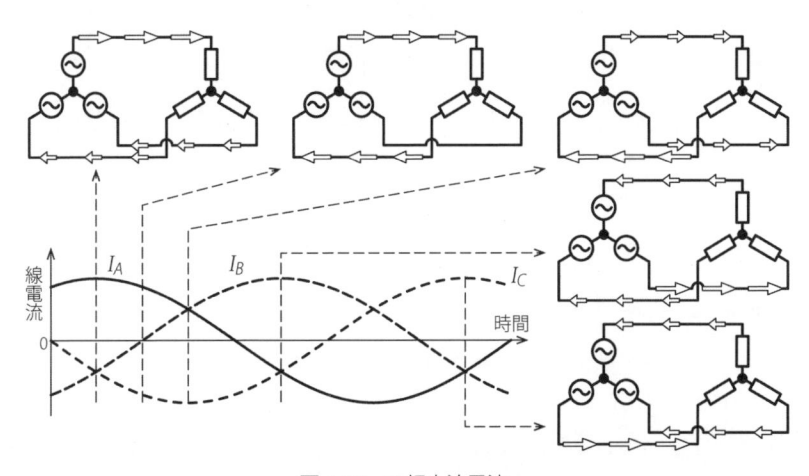

図 1.37　三相交流電流

図 1.38　Y 結線の電圧

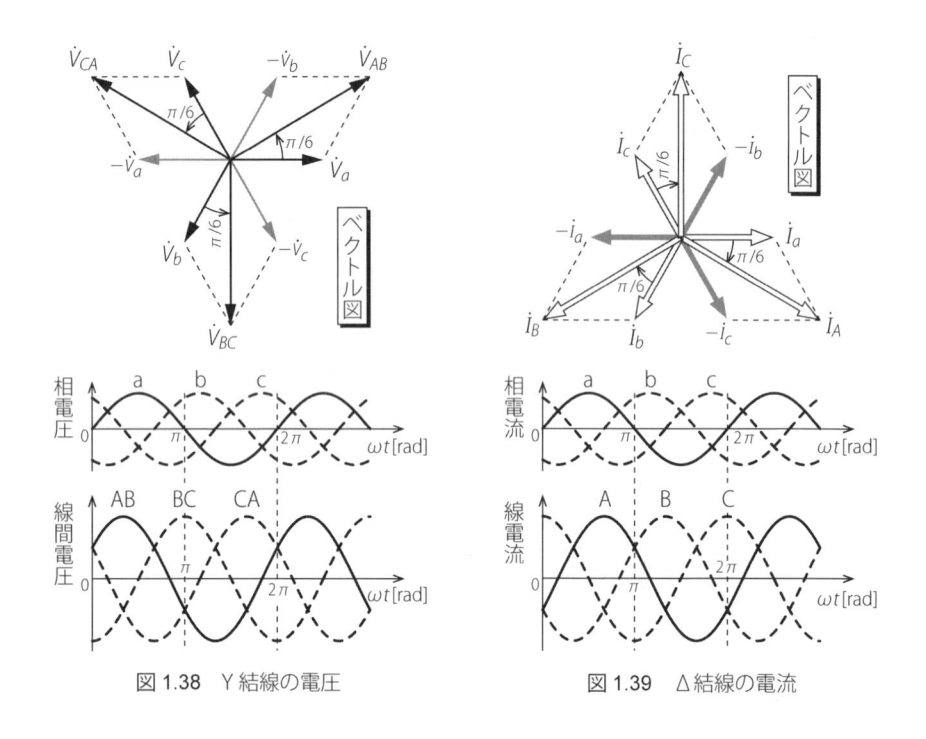

図 1.39　△ 結線の電流

る 1 つの相電圧の瞬時値に等しく，それらのベクトルは大きさも向きもつねに等しい．線間電圧と対応する相電圧は同相であり，線間電圧の実効値 V_{AB} [V] は，次式のように，相電圧の実効値 V_a [V] と等しい．

$$\dot{V}_{AB} = \dot{V}_a \quad (\Delta 結線) \tag{1.53}$$

$$V_{AB} = V_a \quad (\Delta 結線) \tag{1.54}$$

また，3 つの交流電源のうちの 1 つや，3 つの負荷のうちの 1 つに流れる電流を，**相電流**（Phase Current）という．一方，電源と負荷を接続する 3 本の線路のうちの 1 本に流れる電流を**線電流**（Line Current）という．

図 1.35 のような Y 結線の場合，線電流の瞬時値はつねに，対応する 1 つの相電流の瞬時値に等しく，それらのベクトルは大きさも向きもつねに等しい．

$$\dot{I}_A = \dot{I}_a \quad (\text{Y 結線}) \tag{1.55}$$

$$I_A = I_a \quad (\text{Y 結線}) \tag{1.56}$$

一方で図 1.36 のような Δ 結線の場合，線電流の実効値と位相を表すベクトルは，次式のとおり，対応する相電流のベクトルの差となる。この関係をベクトル図で描けば図 1.39 のようになる。

$$\dot{I}_A = \dot{I}_a - \dot{I}_c \quad (\Delta\ \text{結線}) \tag{1.57}$$

図 1.39 のとおり，Δ 結線の場合，線電流の位相は相電流よりも $\pi/6$ [rad]（30 度）だけ遅れる。また，線電流の実効値 I_A [A] は，次式のように，相電流の実効値 I_a [A] の $\sqrt{3}$ 倍となる。

$$I_A = \sqrt{3}\ I_a \quad (\Delta\ \text{結線}) \tag{1.58}$$

これらの関係をまとめると，表 1.2 のようになる。三相交流方式の回路においては，負荷の結線方式を切り替える仕組みが備えられることがある。これは負荷の電圧や電流を調節するための仕組みである。

抵抗 R の負荷を 3 つ，Δ 結線として組み合わせた回路に，線間電圧 V の電源を接続したとき，負荷の相電圧は線間電圧に等しく，負荷 1 つあたりに流れる相電流は V/R（線電流は $\sqrt{3}V/R$）である。ここで，電源をそのままに，負荷を Y 結線に組み替えてみれば，負荷の相電圧は線間電圧の $1/\sqrt{3}$ 倍となり相電流は $V/\sqrt{3}R$（線電流も $V/\sqrt{3}R$）となる。すなわち Δ 結線の場合と比べ，Y 結線の相電流は 6 割弱，線電流は ⅓ 倍と小さくなる❷。

表 1.2　三相結線における電圧や電流の実効値の関係

		Y 結線の場合	Δ 結線の場合
電圧の実効値		相電圧 = $\frac{1}{\sqrt{3}}$ × 線間電圧	相電圧 = 線間電圧
		線間電圧 = $\sqrt{3}$ × 相電圧	線間電圧 = 相電圧
電流の実効値		相電流 = 線電流	相電流 = $\frac{1}{\sqrt{3}}$ × 線電流
		相電流 = 相電流	線電流 = $\sqrt{3}$ × 相電流

グロースタータによる蛍光灯点灯❷

　50/60 Hzの交流を直接電源として蛍光灯を点灯させる際には，古くから**グロースタータ（グロー）**が用いられている。図1にグロースタータによる蛍光灯点灯回路を示す。グロースタータは固定電極と可動電極の2つの電極からなり，ある程度以上の電圧がかかると放電現象が起こる。可動電極がその放電の熱によって変形すると，2電極が接触して導通する。電極が導通することでグロー放電が止まり，時間がたつにつれ電極の温度が低下する。このことにより電極形状が元に戻り，2つの電極が非接触（分離）状態となる。このグローを用いた点灯回路のスイッチオン後の点灯動作は図2中に説明されるとおりである❷。

　コイルやコンデンサのエネルギーを蓄積したり放出したりする性質は，電圧や電流の安定のために用いられることが多い。点灯回路中のコイルは，点灯時に誘導起電力によって高電圧を発生させるのみでなく，点灯中には電流安定の役割を持つ❷。また，コンデンサはグロースタータ動作時の電圧の安定やノイズ発生の防止のために配置されている❷。

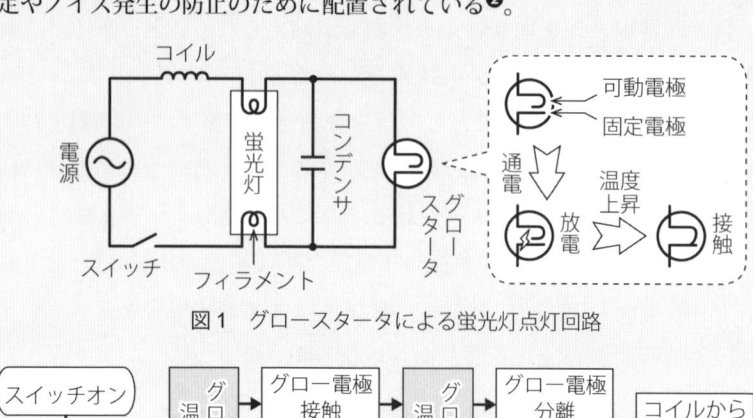

図1　グロースータによる蛍光灯点灯回路

図2　グロースータ回路による蛍光灯点灯動作

CHAPTER 2

変圧器

　変圧器（Transformer）とは電圧を変える装置である。変圧器を用いると低い電圧を高い電圧に，あるいは高い電圧を低い電圧に変えることができる。船舶内においても発電が行われており，それぞれの機器に合った電圧に変圧して電気が使用されている。変圧器の構造はたいへん簡単なものであるが，巻線や構造体は電動機，発電機など，他の船舶電力機器にも用いられている。この章では，変圧器の原理，構造，理論，結線について学ぶ。

2.1 変圧器の原理

(1) 変圧器の目的

　変圧器とは電圧を変える装置である。ここで説明する変圧器は**交流電圧**を高くしたり低くしたりすることはできるが，直流電圧を変えることはできない。日本では周波数 50 Hz もしくは 60 Hz の交流が使用されている。図 2.1 のように高い電圧で発電所から電気が送られ，変圧器を用いて徐々に電圧を下げていく。これ

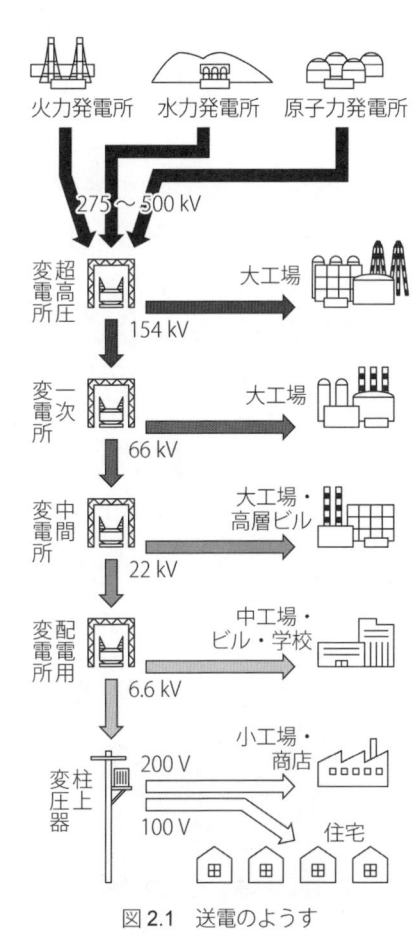

図 2.1　送電のようす

により同じ電力を送るために必要な電流を減らすことができ、電線中の発熱やエネルギーの損失を減らすことができる。電気を送ることは**送電**(そうでん)(Transmission of Electricity)と呼ばれ、厳密にいうと発電所から配電用変電所まで電気を送るときに使われる。それに対して配電用変電所から各家庭などに電気を送るときは**配電**(はいでん)という用語が使われ、送電と区別される。図 2.2 は電柱などに取り付けられている変圧器であり、6600V を 200V に降圧する。交流で送電する理由の一つには、変圧器を用いて容易に変圧できる点があげられる。また高い電圧で家庭の近くまで配電し、直前で電圧を下げて使用することにより、大電流による損失や障害を減らすことができ、各家庭への安定した電力供給ができる。船舶においても 60Hz の交流が用いられており、440V 系統で発電し、6600V を必要とする機器を駆動するために昇圧する船舶や、逆にエネルギー損失を減らすため、6600V で発電および送電を行い、必要な電圧に降圧する船舶もある。

図 2.2 変圧器

図 2.3 変圧設備

図 2.3 は発電所にある変圧設備であり、22kV を送電用の 220kV に変圧するものである。このように変圧器は使用する電流の大きさや高電圧に対する保護

図 2.4 小型の変圧器

図 2.5 船内の変圧器

58

のためさまざまな大きさのものがあり，巨大な装置から図 2.4 のように手のひらに収まる小さな装置（100 V を 12 V に変換）まである。舶用の変圧器は図 2.5 のような外観をしており，この変圧器は 440 V を 110 V に変換するものである。

(2) 変圧器の概要

変圧器は図 2.6 のように鉄心に線を巻いただけのものである。電源につながっている側を**一次巻線**（いちじまきせん）(Primary Winding)，電圧を変えて出力する側を**二次巻線**（にじまきせん）(Secondary Winding) という。一次巻線の巻数を N_1，入力交流電圧（の実効値）を V_1，二次巻線の巻数を N_2，出力電圧（の実効値）を V_2 とすると

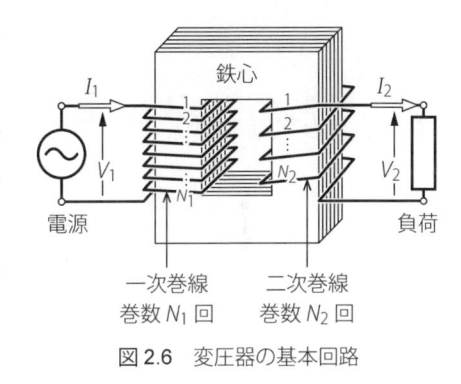

図 2.6 変圧器の基本回路

$$N_1 : N_2 = V_1 : V_2 \tag{2.1}$$

$$\frac{V_1}{V_2} = \frac{N_1}{N_2} = a \tag{2.2}$$

の関係がある。式(2.2)の a を**巻数比**（Turn Ratio）と呼び，変圧器の働きを表す最も重要な量である。この巻数比が 1 よりも大きければ入力よりも小さな出力電圧を取り出すことができ，巻数比が 1 よりも小さければ入力よりも大きな電圧を取り出すことができる。もし変圧器のなかでエネルギーの損失が（実際には存在するが）ないとすれば，入力された電力 P_1 と出力される電力 P_2 は等しくなり

$$P_1 = P_2 \tag{2.3}$$

となる。一次側の入力電流を I_1，二次側の出力電流を I_2 とすると

$$V_1 I_1 = V_2 I_2 \tag{2.4}$$

$$\frac{V_1}{V_2} = \frac{I_2}{I_1} = a \qquad (2.5)$$

となる。式(2.5)からわかるように，電流と電圧の比は逆になっており，同じ入力に対して，出力する電圧が高ければ電流は小さく，電圧が低ければ電流が大きいことになる。当然であるが，変圧器によって出力電圧を高くしてもエネルギーが増えることはない。V_1/V_2 を**変圧比**，I_1/I_2 を**変流比**と呼ぶ。

(3) 磁束と電流の関係

図 2.7 のような変圧器の一次巻線に電流を流すと，鉄心中に**磁束** Φ [Wb]（Magnetic Flux）が生じる。この磁束は鉄心を伝わり二次巻線中を通る。しかし磁束が通過するだけでは二次巻線には起電力は発生しない。二次起電力を発生させるためには式(2.6)で表されるように**磁束 Φ を変化**させる必要がある。

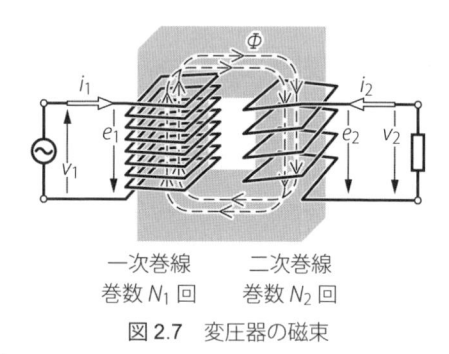

図2.7 変圧器の磁束

$$e_2 = -N_2 \frac{\Delta \Phi}{\Delta t} \quad [\mathrm{V}] \qquad (2.6)$$

磁束 Φ を変化させるために，通常，入力電圧 v_1 には正弦波交流が使用される。

2.2 変圧器の構造

ここでは変圧器の構造について述べる。変圧器は磁束が通る**鉄心**（Core）と，鉄心に巻かれ電流が流れる**巻線**から成り立っている。また，これらの間に電流が流れないようにするための絶縁体が必要であるが，多くの場合は**絶縁油**が用いられる。この絶縁油は変圧器を冷却するための**冷却媒体**としての役割も兼ねている。

(1) 変圧器の損失

変圧器には，さまざまな理由でエネルギーの損失が生じるので，これらの損失を減らすための工夫がなされている。変圧器の構造を理解するために，まず損失について説明する。

変圧器の鉄心内の損失は**鉄損**（Iron Loss）と呼ばれ，**ヒステリシス損**（Hysteresis Loss）と**うず電流損**（Eddy Current Loss）の和である。また鉄損を生じる余分な電流を**鉄損電流**と呼ぶ。したがって一次巻線に流れる励磁電流はこの鉄損電流と，鉄心に磁束を作るために必要な**磁化電流**の和になる。それに対して，変圧器の配線抵抗によって生じる損失を**銅損**（Cupper Loss）と呼ぶ。

◆ヒステリシス損

変圧器を使用するためには，まず一次巻線に励磁電流を流して鉄心に磁束 Φ を作る。しかし図 2.8 にあるように励磁電流を増加させても磁束の増加には限界がある。これを鉄心の**磁気飽和**という。一次巻線には交流電流が入力されるが，①で励磁電流が増加しても磁束の増加は抑えられる。また②で交流電流が減少して励磁電流が 0 となっても磁束は 0 とならない。これを**残留磁気**と呼ぶ。次に交流電流の方向が逆になっても，③で残留磁気を打ち消すまでは磁束の値は 0 にならず，エネルギーをむだに使ってしまうことになる。これを繰り返すことによりエネルギーを失うことを**ヒステリシス損**と呼び，図 2.8 にあるヒステリシスループの面積に比例することになる。

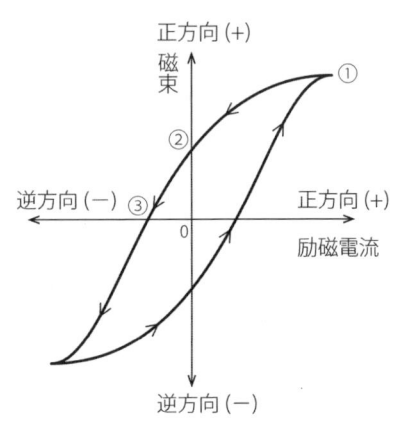

図2.8　ヒステリシス曲線（磁化特性）

◆うず電流損

一般に電気機器において磁性体を貫く磁束が変化すると，図 2.9 のようなう

ず巻状の電流が磁束の変化を妨げる方向に発生する。この電流を**うず電流**と呼ぶ。うず電流が流れると熱が発生してエネルギーが消費される。この損失を**うず電流損**と呼ぶ。

◆ 銅損

　変圧器には一次巻線，二次巻線と多くの配線が用いられている。これらの配線中の抵抗によって生じる損失を**銅損**という。

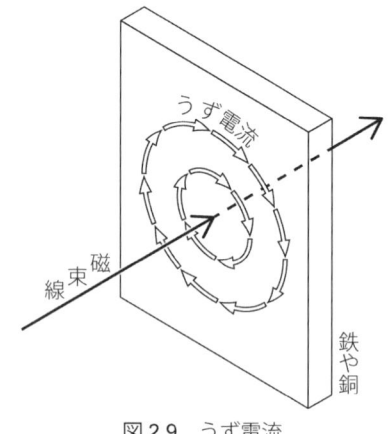

図 2.9　うず電流

(2) 鉄心

　変圧器は鉄心の周りに巻線が巻いてあるが，巻き方によって，**内鉄形**と**外鉄形**がある。内鉄形は図 2.10 のように巻線の内側に鉄心があるが，外鉄形は図 2.11 のように巻線の外側に鉄心がある。また鉄心が 1 つの場合を内鉄形，2 つ以上の場合を外鉄形と区別する方法もある。

　変圧器の鉄心には**方向性けい素鋼**が用いられる。けい素鋼とは鉄にけい素を数％程度加えた合金であり，方向性けい素鋼とは特別な加工を行い，結晶が圧延した方向にそろうように作られているものである。圧延方向は透磁率が高くなっており，

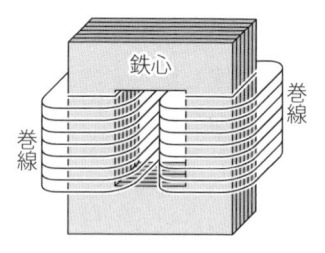

図 2.10　内鉄形

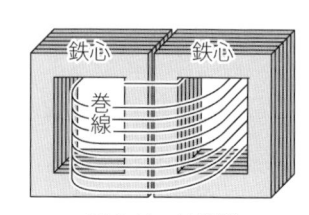

図 2.11　外鉄形

ヒステリシス損が小さくなるように作られている。また透磁率が高いほど小さな電流で大きな磁束を作ることができる。鉄心はうず電流を小さくするため，図 2.12 にあるように，薄いけい素鋼板を 1 枚ずつ絶縁して積み重ねた構造をしている。このような構造を**成層鉄心**（Laminated Core）（または積層鉄心）と呼ぶ。この構造は変圧器に限らず，磁束の変化が伴う装置に広く用いられて

いる。この成層鉄心を帯状に作り，絶縁体を挟みながら巻きつけたものを，巻鉄心という。巻き固めた鉄心を図 2.13 のようにいったん切断したものをカットコアと呼び，リング状の巻線と組み合わせて変圧器を作る。また鉄心を切断せずに巻線を巻くものを，ノーカットコアと呼ぶ。

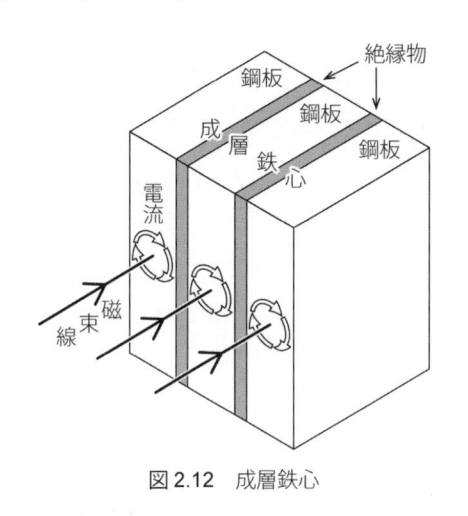

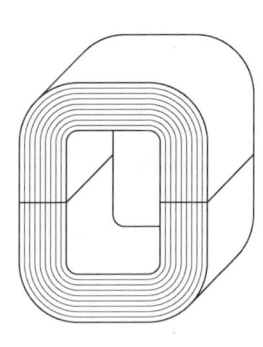

図 2.12　成層鉄心

図 2.13　カットコア

(3)　巻線

巻線に使用される導線の材料には，銅およびアルミニウムがある。銅は導電率が高いことが特徴であり，アルミニウムは軽量であることが特徴である。形状としては，図 2.14 の**円筒巻線**や図 2.15 の**板状巻線**が用いられる。円筒巻線

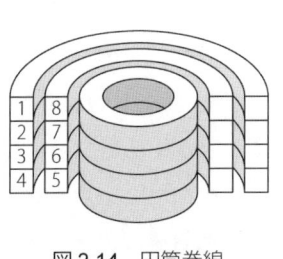

図 2.14　円筒巻線

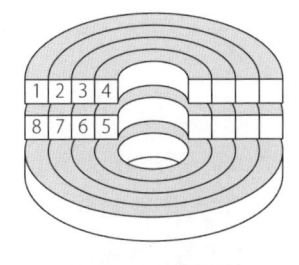

図 2.15　板状巻線

は巻線を円筒状に巻き，1つの円筒を作るものである。それに対して板状巻線は円板状にコイルを作り，2個1組の円板を重ねるようにつなげ，コイルを構成する。またコイルの間に間隔を設け，絶縁および冷却用の油が通るスペースが作られているものもある。

(**4**)　巻線の巻き方

　これまで多くの図では鉄心の左側に一次巻線，右側に二次巻線を描いてきたが，実際には同じ鉄心の周りに一次および二次巻線を同心円状に巻き，内側に低電圧巻線，外側に高電圧巻線を配置するものがある。また，高電圧巻線を2つに分割して並列接続し，低電圧巻線を上下から挟み込むものや，高電圧，低電圧巻線をそれぞれ数個の巻線に分割し，これらを交互に配置したものなどがある。

(**5**)　巻線の絶縁と冷却

　コイルの巻線間の絶縁には，クラフト紙や，有機溶剤であるワニスを浸み込ませた布などが用いられる。また絶縁と冷却を兼ねて，絶縁油が用いられる。絶縁油に要求される性能は❷

　　①　絶縁耐力が高い
　　②　引火点が高い
　　③　化学的に安定している
　　④　凝固点が低い
　　⑤　流動性が高く，冷却に適している

などがあげられる。また，変圧器は前述のヒステリシス損，うず電流損，巻線抵抗によって生じる銅損などによって発熱する❷。変圧器の温度が上昇すると，絶縁が劣化したり，冷却油が変質したりすることがあるので，変圧器を冷却する必要がある。冷却方法には❷，上述のように油を用いる**油入式**に加え，**ガス入式**，**乾式**などがある。乾式，油入式には，自然対流によって外気へ放熱する**自冷式**および，送風機を外に置き外気を循環させて放熱を増やす**風冷式**がある。

また水を循環させて冷却する**水冷式**，油を変圧器外部に設けた冷却管にポンプを用いて循環させる**送油自冷式**，冷却管を送風機で冷却する**送油風冷式**，冷却管を水で冷却する**送油水冷式**などがある。

(6) 変圧器の点検

変圧器を点検する項目を以下に述べる❸。船舶の変圧器は通常，密封されており，間接的な点検項目が多いが，これらは他の機器にも応用できるものである。

① 端子，配線，変圧器本体が発熱していないか確認する。
② 通常では発しないような音が，変圧器から出ていないか確認する。
③ 冷却器，送風機，送油機，冷却用ポンプがある場合，それらの機器の動作を確認し，異常な音が出ていないか確認する。
④ 異常な臭いがないか確認する。
⑤ 油入式の場合，油面計を確認し，油漏れがないか周囲も確認する。
⑥ 油の温度が上がっていないか確認する。

2.3 変圧器の理論

変圧器はこれまで述べたように，2つのコイルを鉄心でつないだ構造をしているが，ここではまず1つのコイルでの現象を述べる。

(1) コイル

図2.16のようなコイルを考える。なかには通常，鉄心が入っている。このコイルに電流を流すと，**磁束 Φ [Wb]** が発生する。この磁束は弱まりながら空間を伝わり，強磁性体などの遮蔽物があるまで広がっていく。変圧器の場合は，ほとんどの磁束は図2.7のように鉄心内部に閉じ込められる。この磁束にエネルギーが蓄えられることになる。

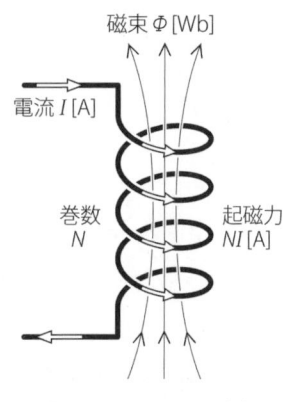

図2.16 コイルと磁束

ここで，**抵抗のないコイル**を考える．本来コイルは長い線が巻かれているため抵抗があるはずだが，ここでは話を簡単にするために無視することとし，後からこの抵抗を加えることにする．抵抗のないコイルに電源から電圧をかけると，オームの法則

$$I = \frac{V}{R} \quad [\text{A}] \tag{2.7}$$

により無限大の電流が流れてしまうことになる（実際にはコイルが持つ抵抗成分のため，無限大にはならない）．しかし，これはしばらく時間が経った後の話であり，コイルに流れる電流が磁束を作り終えるまで無限大の電流が流れることはない．この磁束を作るために必要な時間は**コイルの時定数** τ [s] と呼ばれ

$$\tau = \frac{L}{R} \quad [\text{s}] \tag{2.8}$$

で表される．R [Ω] はコイルの抵抗，L [H] はコイルの**自己インダクタンス**（Inductance）と呼ばれる量である．この L はコイルが磁束を作る能力を表し，式(2.9)で表すことができる．

$$L = \frac{N\Phi}{I} \quad [\text{Wb}] \tag{2.9}$$

式(2.9)からわかるように，L が大きければ強い磁束を作ることができる．ここで，N はコイルの巻数である．コイルが磁束を作るために必要な時間 τ は，式(2.8)を見ると，ここにも抵抗 R が現れており，抵抗 R がなければ無限大の時間がかかることになる．しかし抵抗がたいへん小さい値であれば，通常用いられている 50 Hz や 60 Hz の交流の周期 0.02 [s] や 0.017 [s] に比べて時定数 τ がたいへん長い時間になり，時定数は変圧器の動作にほとんど関係しないことになる．つまり抵抗が無視できるという意味は，コイルが磁束を作るために必要な時間よりも交流電圧の変化のほうがずっと短い時間であることを意味している．交流電圧の瞬時値 v_1 を式で表すと

$$v_1 = \sqrt{2}V_1 \sin\omega t \quad [\text{V}] \tag{2.10}$$

$$\omega = 2\pi f \quad [\text{rad/s}] \tag{2.11}$$

となる。V_1 は電圧の実効値，f は周波数，ω は角周波数である。

図 2.17 は一次起電力 e_1，二次起電力 e_2，磁束 Φ の時間変化を表したものである。この図を見ると，t_1 で磁束が負の値を持っている。これは磁束を作る電流の向きと，入力電圧の向きが逆であることを表している（実際には電源投入時に過渡磁束を持つため別の現象が生まれるが，この図は電源投入してから十分に時間が経ち，安定した後の定常状態である）。

t_1 から t_2 にかけて入力電圧が増加すると磁束（電流に比例）も増加している。t_2 の時点で入力電圧は最大となるが，ここで磁束（電流）が 0 となる。次に交流電圧が減少しはじめても，磁束（電流）は増加し続ける。これは，電流の値が減少しても流れる方向は正であり，コイルにエネルギーが蓄積され続けるからである。この磁束（電流）の増加は交流電圧が 0 になる時点 t_3 まで続くことになる。これは t_3 までの時間がコイルの時定数 τ に比べてたいへん短いため，磁束 Φ が大きくなる余地を十分に残しているからである。これを式で表すと

$$v_1 = N_1 \frac{\Delta \Phi}{\Delta t} = L_1 \frac{\Delta I_1}{\Delta t} \quad [\text{V}] \tag{2.12}$$

と表すことができる。通常は入力電圧 v がコイルに発生する誘導起電力 e によ

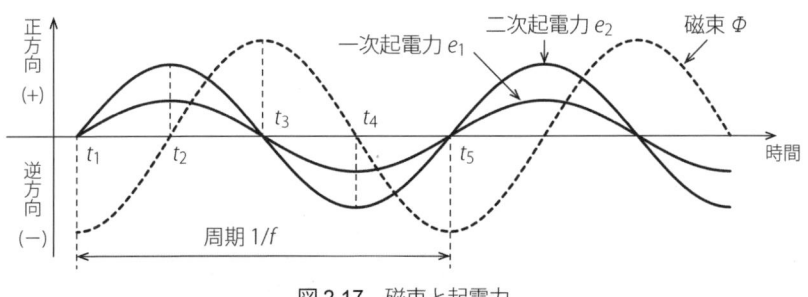

図 2.17 磁束と起電力

って打ち消されるため負号をつけて表現し

$$e_1 = -N_1 \frac{\Delta \Phi}{\Delta t} = -L_1 \frac{\Delta I_1}{\Delta t} \quad [\text{V}] \tag{2.13}$$

と記述する。また図においては，矢印の方向と逆向きに起電力が生じていることを表す。この式の前半は

$$e_1 = -N_1 \frac{\Delta \Phi}{\Delta t} = -\frac{\Delta(N_1 \Phi)}{\Delta t} \quad [\text{V}] \tag{2.14}$$

と書くことができ，$N\Phi$ のことを**磁束鎖交数**(じそくさこうすう)という。次に t_3 以降で交流電圧が負の値になると，コイルはエネルギーを失いはじめ，磁束（電流）は減少を始めるが，空間中や鉄心中に形成された磁束は急激にはなくならず，磁束（電流）はしばらく正の値となる。勢いよく流れている電流を急に逆方向に流せないためである。時間が経過すると電流や磁束はやがて 0 になるが，0 になるために必要な時間は，磁束を増加させるために使った時間とまったく同じである。つまり電圧最小となる t_4 で磁束（電流）が 0 になる。その後，電圧は上昇を始めるが，電圧の値は負であり，電圧が 0 になる t_5 まで磁束は逆向きに作られ続けることになり，電流も負の方向に増え続ける。t_5 から電圧は正の値となるが，磁束が反対方向を向いており，急に電流を反転できないため，磁束（電流）は負の値となる。これが t_1 において磁束および電流が負であった理由である。この結果，電流の位相は電圧の位相よりも $\pi/2$ [rad] だけ遅れることになる。これを式で表すと

$$i = \sqrt{2} I_1 \sin\left(\omega t - \frac{\pi}{2}\right) \quad [\text{A}] \tag{2.15}$$

となる。

(2) 変圧器

図 2.18 のようなコイルに交流電圧をかけると，励磁電流 I_0 が流れ，鉄心に

磁束 Φ が発生する。この磁束 Φ は，電流 I_0 と一次コイルの巻数 N_1 の積に比例し

$$\Phi = \frac{N_1 I_0}{R_m} \quad [\text{Wb}] \tag{2.16}$$

で与えられる。ここに $R_m\,[\text{H}^{-1}]$ は磁気抵抗と呼ばれ，変圧器の鉄心の材質や形状で決まる量である。

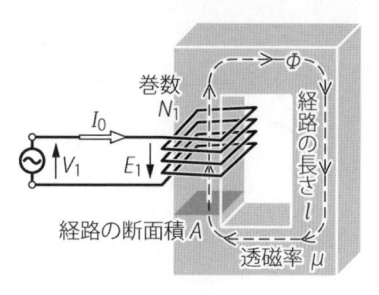

図 2.18　変圧器への入力

$$R_m = \frac{l}{\mu A} \quad [\text{H}^{-1}] \tag{2.17}$$

ここで $\mu\,[\text{H/m}]$ は鉄心の透磁率，$A\,[\text{m}^2]$ は断面積，$l\,[\text{m}]$ は鉄心の長さ（磁路）である。また一般に $NI\,[\text{A}]$ は起磁力と呼ばれ，磁束を生じるための原動力となる。

表 2.1 の対応をさせると，式 (2.16) はオームの法則と対応することになる。

式 (2.9) に式 (2.16) および式 (2.17) を順次代入すると，コイルの自己インダクタンス L [H] は

表 2.1　磁気回路と電気回路の対応

磁気回路		電気回路	
磁気抵抗	$R_m\,[\text{H}^{-1}]$	電気抵抗	$R\,[\Omega]$
起磁力	$NI\,[\text{A}]$	起電力	$E\,[\text{V}]$
磁束	$\Phi\,[\text{Wb}]$	電流	$I\,[\text{A}]$

$$L = \frac{\mu N_1^2 A}{l} \quad [\text{H}] \tag{2.18}$$

で与えられることになる。式 (2.18) を交流回路に適用し，CHAPTER 1 の式 (1.32) から導出される

$$I = \frac{V}{\omega L} \quad [\text{A}] \tag{2.19}$$

に代入すると，電流の実効値 I_0 は

$$I_0 = \frac{V_1 l}{\omega \mu N_1^2 A} \quad [\text{A}] \tag{2.20}$$

で与えられる。ここに V_1 は交流起電力の実効値, ω は角周波数である。式(2.18)を見ると電流と電圧が比例関係にあり，オームの法則と同じ形をしている。したがって，この式からコイルの抵抗とも考えられる値を取り出すことができる。この抵抗値の逆数を b_0 [S] と書くと

$$b_0 = \frac{l}{\omega \mu N_1^2 A} \quad [\text{S}] \tag{2.21}$$

となり，b_0 を**励磁サセプタンス**（Susceptance）と呼ぶ。一次コイルによって作られた磁束が変化すると，鉄心を通って二次コイルを伝わり，二次コイル内の磁束が変化する。この磁束の変化が二次コイルに誘導起電力 e_2 を引き起こすことになる。これを式で表すと

$$e_2 = -N_2 \frac{\Delta \Phi}{\Delta t} \quad [\text{V}] \tag{2.22}$$

となる。次に図 2.19 のように二次コイルに抵抗をつなぎ，**二次負荷電流** I_2 が流れる場合を考える。この二次負荷電流 I_2 が再び磁束を作ろうとし，起磁力 $N_2 I_2$ [A] を生じる。この起磁力は一次コイルが作った磁束を打ち消す方向に発生するため，磁束 Φ を弱めようとする。一次コイルの側から見ると，磁束が弱められそうになり，それを補うために新たに磁束を作るための電流が流れることになる。この電流を**一次負荷電流** I_1' と呼び

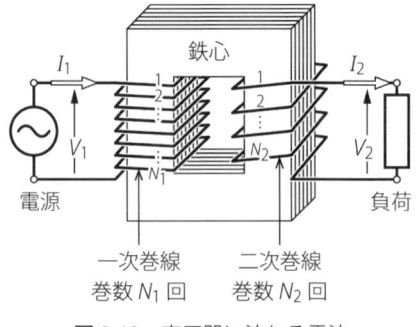

図 2.19　変圧器に流れる電流

$$N_2 I_2 = N_1 I_1' \tag{2.23}$$

$$I_1' = \frac{N_2}{N_1} I_2 \tag{2.24}$$

の関係がある。誘導起電力は，ベクトル表記を用いると（$\dot{I}$，$\dot{V}$ は I，V のベクトル表記）

$$\dot{I}_1' = -\frac{N_2}{N_1}\dot{I}_2 = -\frac{\dot{I}_2}{a} \quad [\text{A}] \tag{2.25}$$

となる。ここに a は式(2.2)の巻数比である。したがって一次巻線の全電流 $\dot{I}_1$ は

$$\dot{I}_1 = \dot{I}_1' + \dot{I}_0 \quad [\text{A}] \tag{2.26}$$

で与えられることになる。ここで二次電流 I_2 が大きい場合は，一次負荷電流 I_1' も大きな値となり，励磁電流 I_0 は無視できることになる。したがって

$$\dot{I}_1 \cong \dot{I}_1' = -\frac{N_2}{N_1}\dot{I}_2 \quad [\text{A}] \tag{2.27}$$

と書くことができる。

（3） 漏れリアクタンス

これまでは，一次電流によって作られた磁束はすべて，鉄心のなかを通ると考えてきた。しかし実際には図 2.20 のように鉄心の外に磁束が漏れてしまう。これを**漏れ磁束**（Leakage Flux）という。また鉄心のなかを通る磁束を**主磁束**（Main Magnetic Flux）と呼ぶ。漏れ磁束は変圧には寄与せず，電流よりも 90°位相が進んだ逆起電力を誘導するため，変圧器と直列に結合されたリアクタンス（コイル）と考えることができる。これを**漏れリアクタンス**（Leakage Reactance）と呼び，後述の等価回路中では，一次側および二次側とも巻線抵抗と直列接続されているリアクタンスとして描かれる。

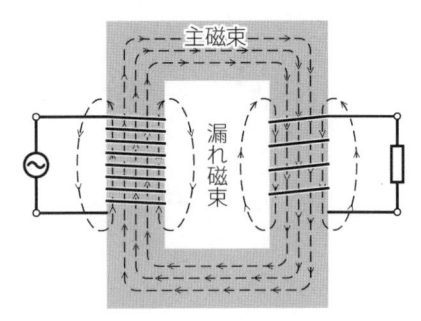

図 2.20 漏れ磁束

(4) 負荷が抵抗のみの場合の等価回路

図 2.21 のように出力側が抵抗のみにつながれている場合，二次負荷電流 $\dot{I}_2$ は二次誘導起電力をベクトル表示 $\dot{E}_2$ で表すと

$$\dot{I}_2 = \frac{\dot{E}_2}{R} \quad [\mathrm{A}] \tag{2.28}$$

となる。これを回路図で描くと図 2.21 になる。

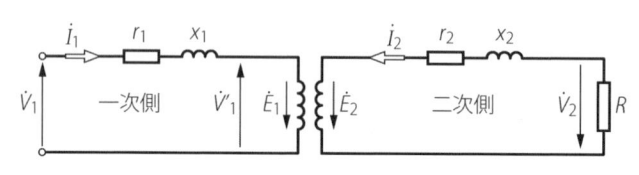

図 2.21 負荷が抵抗の場合

ここに r_1，r_2 はそれぞれ一次および二次巻線の抵抗，x_1，x_2 は漏れリアクタンスを表している。回路図上に変圧器があるとさまざまな計算が困難となるため，変圧器を直接扱わずに同等の計算を可能とする等価回路がよく用いられる。

図 2.22 が等価回路であり，ここには変圧器は描かれていない。そのため，この等価回路上では一次負荷電流と二次側に流れ込む電流が等しい値 $\dot{I}'_1 = \dot{I}'_{12}$ となっている。しかし実際には式 (2.27) からわかるように，負荷 (この場合は R) に流れる二次負荷電流 $\dot{I}_2$ は等価回路上の値 $\dot{I}'_{12}$ とは異なっており

$$\dot{I}'_1 = \dot{I}'_{12} = -\frac{\dot{I}_2}{a} \quad [\mathrm{A}] \tag{2.29}$$

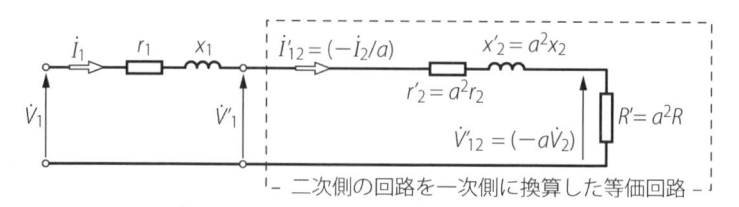

図 2.22 一次側に換算した等価回路

となる。また式(2.2)からわかるように

$$\dot{E}_2 = \frac{1}{a}\dot{E}_1 \quad [\text{V}] \tag{2.30}$$

となり，負荷にかかる電圧 $\dot{V}_2$ も等価回路上では

$$\dot{V}'_{12} = -a\dot{V}_2 \tag{2.31}$$

となる。このことを実現するため，負荷抵抗を

$$R' = a^2 R \tag{2.32}$$

に置き換えてある。これを**一次側に換算した等価回路**と呼ぶ。式(2.32)の a^2 によって，電圧および電流の双方から生じた a だけの違いをすべて抵抗が引き受けている。したがって，この回路の場合は正しい値を計算するためには，この等価回路から計算された値を式(2.29)および式(2.31)を用いて元の値に戻す必要がある。次に，いままで小さいものとして無視してきた一次側の励磁電流 $\dot{I}_0$ を考慮に入れる。式(2.26)にあるように励磁電流 $\dot{I}_0$ と一次負荷電流 $\dot{I}'_1$ の和が，一次巻線の全電流 $\dot{I}_1$ となる。励磁電流 $\dot{I}_0$ 流は電源電圧 V_0 よりも $\pi/2\,[\text{rad}]$ 遅れており，ベクトル図で描くと図 2.23 となる。励磁電流 $\dot{I}_0$ を考慮に入れるためには，式(2.21)の励磁サセプタンス b_0 を追加すると，これが図 2.24 の等価回路になる。

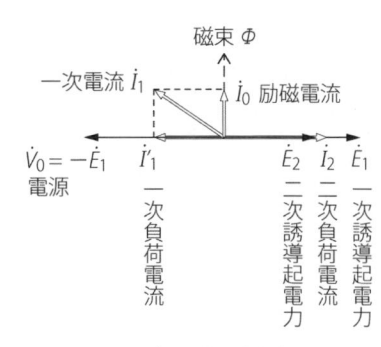

図 2.23　変圧器のベクトル図

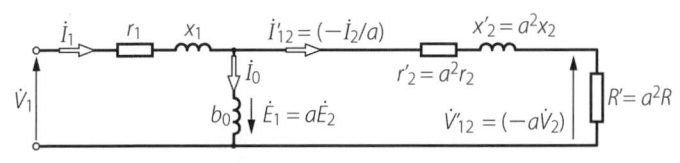

図 2.24　励磁サセプタンスを加えた等価回路

(5) 負荷が抵抗およびリアクタンスを含む場合の等価回路

次に図 2.24 の等価回路にリアクタンス X（コイルやコンデンサ）を追加する。通常これらは

$$X_L = \omega L \quad [\Omega] \tag{2.33}$$

$$X_C = \frac{1}{\omega C} \quad [\Omega] \tag{2.34}$$

$$X = X_L - X_C \quad [\Omega] \tag{2.35}$$

で与えられる。したがって負荷のインピーダンスは

$$Z = \sqrt{R^2 + X^2} \quad [\Omega] \quad (2.36)$$

負荷電流は

$$\dot{I}_2 = \frac{\dot{V}}{Z} \quad [A] \tag{2.37}$$

となり，電流，電圧のベクトル図を描くと図 2.25 になる。

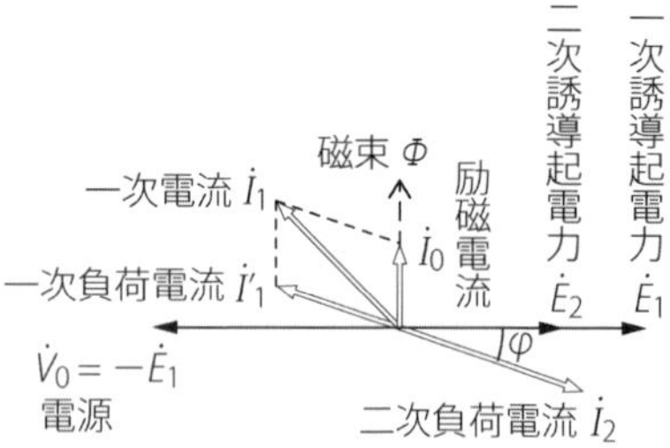

図 2.25 リアクタンスがある場合

ここで φ は二次側出力の負荷のインピーダンス角で

$$\cos\varphi = \frac{R}{\sqrt{R^2 + X^2}} \tag{2.38}$$

で与えられる。等価回路は図 2.26 で与えられる。式(2.32)と同様に

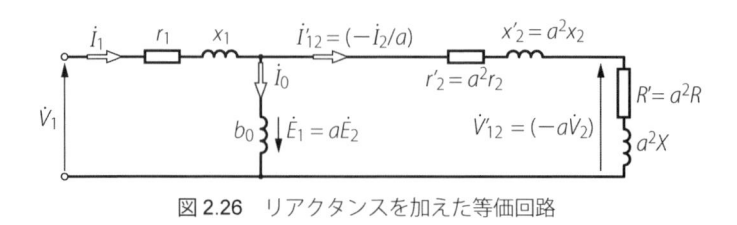

図 2.26 リアクタンスを加えた等価回路

$$X' = a^2 X \tag{2.39}$$

の置き換えが行われている。

(6) 変圧器の鉄心内に損失がある場合

ここでは変圧器の鉄心の内部の損失を考慮に入れる。この損失は**鉄損**と呼ばれ，**ヒステリシス損**と**うず電流損**の和である。また鉄損による電流を**鉄損電流**と呼ぶ。したがって励磁電流 $\dot{I}_0$ はこの鉄損電流 $\dot{I}_w$ と，鉄心に磁束を作るために必要な磁化電流 $\dot{I}_\mu$ の和になる。また励磁コンダクタンス g_0 [S] は

$$g_0 = \frac{I_{0w}}{E_1} \quad [\text{S}] \tag{2.40}$$

で与えられる。等価回路上では図 2.27 のように鉄損電流が流れる経路を励磁コンダクタンス g_0 [S] として追加したものになる。

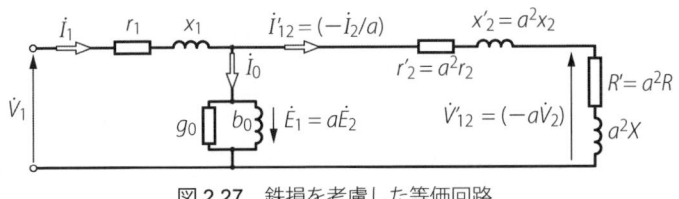

図 2.27 鉄損を考慮した等価回路

(7) 簡易等価回路

式(2.26)，式(2.27)にあるように，励磁電流 $\dot{I}_0$ は負荷電流 $\dot{I}'_1$ に比べて非常

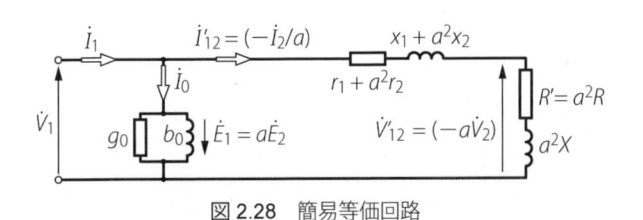

図 2.28 簡易等価回路

に小さい。このことから一次側での電圧降下はたいへん小さくなる。したがって式(2.21)の励磁サセプタンス b_0 や励磁コンダクタンス g_0 が直接電源に接続されている簡易等価回路がよく用いられる。この回路は図 2.28 で表される。

(8) 二次側に換算した等価回路

図 2.29 および図 2.30 は二次側に換算した等価回路である。

一次側に換算するか二次側に換算するかはどちらでもよく，都合のよい方法で計算すればよいが，等価回路内での計算結果は換算値であり，正しい値に戻す必要がある。

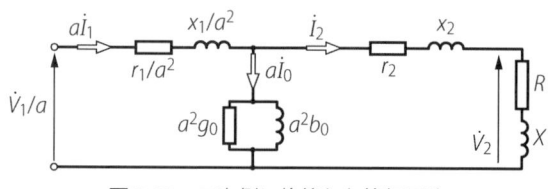

図 2.29　二次側に換算した等価回路

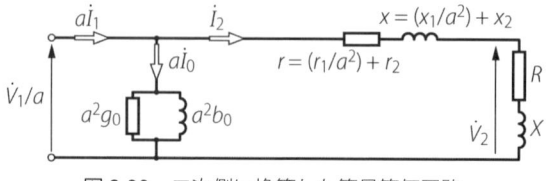

図 2.30　二次側に換算した簡易等価回路

(9) 励磁突入電流

この章のはじめに，変圧器に流れる電流は電圧の位相よりも $\pi/2$ [rad] 遅れた波形になることを記述したが，これは変圧器に交流電圧をかけた後，十分に時間が経った後のことであり，交流電圧をかけ

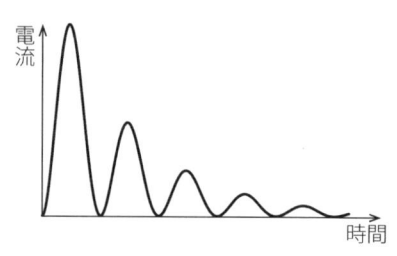

図 2.31　過渡的励磁電流

た直後の励磁電流は過渡的に図 2.31 のような大きな電流となる。この電流によって変圧器が破損する可能性があり，電流に耐えうる設計が必要となる。また変圧器に大きな電圧がかかると逆に周辺の機器にかかる電圧が下がることになり，これに対する対策も必要となる。

2.4 変圧器の結線

(1) 変圧器の極性

変圧器には高圧側と低圧側があり，高圧側は U または(＋)，V または(－)で表し，低圧側は u または(＋)，v または(－)で表されている。変圧器に入力される電圧は交流であり，本来は正負の区別はないが，ある瞬間を取れば決めることができる。

❷高圧側の U が正である瞬間に図 2.32 (a) のように向かい合った端子が u であり正極であるように配置されているものを**減極性**(げんきょくせい)という。この場合，U および u の位相が同じになるため，U-u 間の電位差は E_1-E_2 になる。逆に図 2.32(b) のように，向かい合った端子の極性が逆になる場合を**加極性**(かきょくせい)と呼び，U-u 間の電位差は E_1+E_2 になる。図 2.33 のように V-v 間を短絡し，U-u 間の電圧 V を測定することにより，変圧器の極性試験が実施できる。$V=V_1-V_2$ であれば減極性，$V=V_1+V_2$ であれば加極性となる。日本では通常，減極性が用いられており，また船舶においても減極性が用いられている。

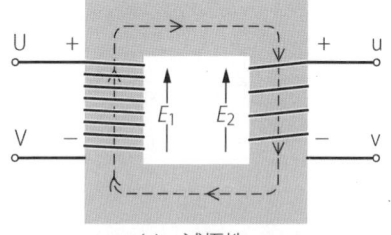

(a) 減極性

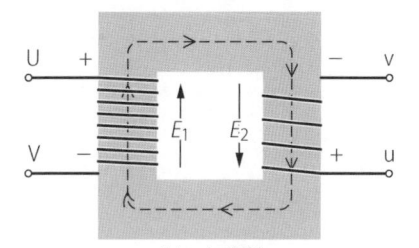

(b) 加極性

図 2.32 変圧器の極性

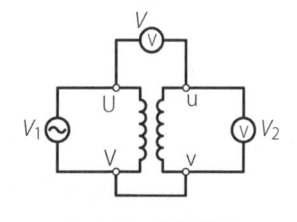

図 2.33 極性試験

(2) 三相結線

三相交流の変圧を行う方法として，後述の三相変圧器を用いる方法と，単相変圧器を3台用いる方法がある。三相変圧器を用いると，単相変圧器3台よりも小型になり，重量も軽くなる。一方，単相変圧器を用いる場合は3台の変圧器がまったく同じものである必要がある。しかし3台の変圧器が同時に故障することはなく，予備の変圧器までを考えると全体としては安価になる。ここでは単相変圧器を3台用いる方法について説明する。

結線をする方法には，❷ Y-Y 結線，Δ-Δ 結線，Y-Δ 結線，Δ-Y 結線がある。また，2台の変圧器を用いる V 結線，T 結線がある。なお Y 結線については星形やスター，Δ結線については三角やデルタなどの呼び方を用いる場合もある。

◆ Y-Y 結線

Y-Y 結線は，図 2.34 のように 3 台の変圧器の一次側，二次側ともに Y 結線につないだものである。一次側，二次側とも中性点を接地することができ，変圧器を保護することができる。また各変圧器にかかる電圧が線間電圧の $1/\sqrt{3}$ であり，比較的高電圧をかけることができる。しかし，この結線方法は交流電源の 3 倍の周波数を持つ第三高調波を消去することができず電圧波形がひずみやすいため，あまり用いられない。

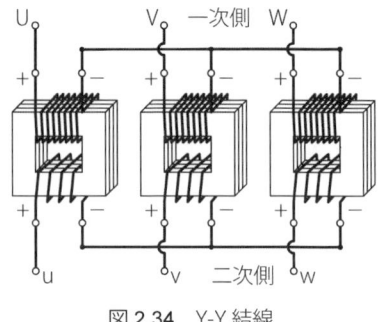

図 2.34 Y-Y 結線

◆ Δ-Δ 結線

Δ-Δ 結線は，図 2.35 のように一次側と二次側をΔ結線につないだものである。この結線は前述の第三高調波が循環電流となって出力されないため電圧波

形のひずみを少なくでき，また，変圧器が1台故障しても後述のV結線として使用できる長所を持っている。また，各変圧器に流れる電流が相電流の$1/\sqrt{3}$であり，電圧が割合に低く電流の大きい変圧器に用いられる。短所は中性点が得られないため，変圧器の保護ができない点である。

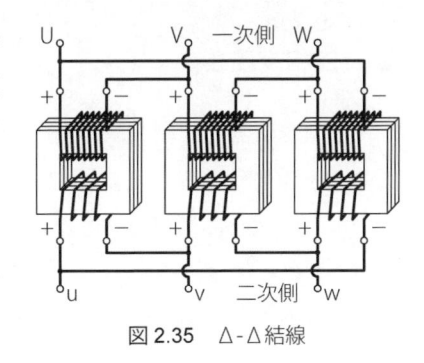

図 2.35　Δ-Δ 結線

◆ Y-Δ 結線

Y-Δ 結線は，一次側をY結線，二次側をΔ結線につないだものである。この結線は一次側すなわち入力に高い電圧をかけることができ，二次側すなわち出力に大きい電流を流すことができるため，送電などの高い電圧から低い電圧に変圧する場合によく用いられる。また中性点を接地することができ，変圧器を保護することができる。またΔ結線により第三高調波も出力されない。しかし，一次側の交流と二次側の交流に$\pi/6\,[\mathrm{rad}]$の位相差が生じる点が欠点である。

◆ Δ-Y 結線

Δ-Y 結線は，一次側をΔ結線，二次側をY結線に接続したものである。この結線はY-Δ結線とは逆に低電圧から高電圧に変圧する場合に用いられる。特徴はY-Δ結線と同じである。

◆ V 結線

V 結線は，図 2.36 のように2台の変圧器を用い，一次側，二次側ともにV字型につないだものである。この変圧器はΔ-Δ結線から変圧器を1台取り除いたものである。Δ-Δ結線が故障した場合などに用いられる。

図 2.36　V 結線

(3) 三相変圧器

1台の変圧器で三相交流の変圧を行うものを三相変圧器という。図 2.37 のように1つの鉄心に三相分の巻線が巻かれている。鉄心の量が少なく，また鉄損が減少するので効率が良い。また3台の変圧器を用いるよりも結線も容易である。さらに，1台で済むため価格も安くなる場合が多い。しかし，故障の場合，変圧器を1台すべて交換する必要があり，3台の変圧器を用いた場合よりも予備の設備費としては高くなる。

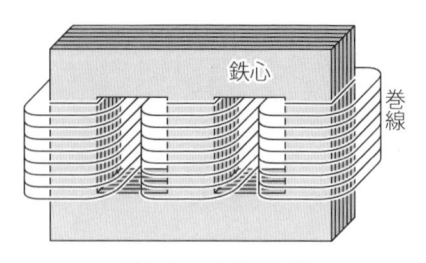

図 2.37 三相変圧器

2.5 計器用変成器

(1) 計器用変圧器

計器用変圧器（Potential Transformer）❷は高電圧の交流の測定に使用される変圧器であり，低電圧にすることにより，通常用いる測定器で高電圧を測定可能にする。通常 PT と記述されるが，VT（Voltage Transformer）と書かれることもある。図 2.38 が PT の写真である。入力側の巻数を N_1，出力側の巻数を N_2 とすると，$N_1 > N_2$ であり，変圧比は N_1/N_2 である。PT を使用することによる利点は

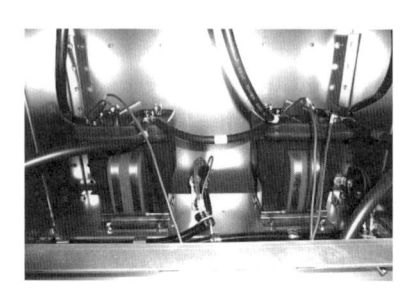

図 2.38 計器用変圧器（PT）

① 変圧器の鉄心を介して回路的に絶縁された二次回路で測定するため，安全に測定ができること
② 二次回路を長くとることにより高電圧回路から離れた場所で測定するこ

とができ，高電圧機器を特定の場所から集中管理することができることなどがあげられる。

また，二次側を接地して使用すれば，変圧器の絶縁が良好であれば正確に測定ができ，絶縁が不良であっても測定者や測定器を保護することができる。

(2) 計器用変流器

計器用変流器（Current Transformer）は交流大電流を変成し，小電流として測定するためのものである。通常 CT と記述される。巻数は $N_1 < N_2$，変流比は N_2/N_1 である。CT を利用する利点は PT の利点と同じである。

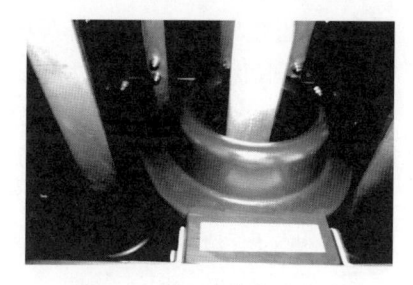

図 2.39 計器用変流器（CT）

2.6 単巻変圧器

これまで述べてきた変圧器は，一次巻線と二次巻線の間に鉄心が入る構造であったが，ここで述べる**単巻変圧器**（Auto Transformer）は図 2.40 のように，1つの連続した巻線を鉄心に巻き，巻線の一部分を一次側とし，二次側を共通の巻線として使うものである。共通部分を分路巻線または並列巻線，残りの部分を直列巻線と呼ぶ。分路巻線に流れる電流は一次側と二次側で逆方向となるため，その差が流れることになり，小さい電流が流れる。したがって，通常の変圧器よりも小型で高効率となる。また分路巻線部分には漏れ磁束がほとんどなく，電圧変動率も小さくなる。しかし，巻線を共通に使うため，一次側と二次側の電圧の比が1に近いときには有効であるが，そうでない場合は使用する意味がない。また低圧側と高圧側が電気的に接続されているため，両側とも安全確保のため別途絶縁が

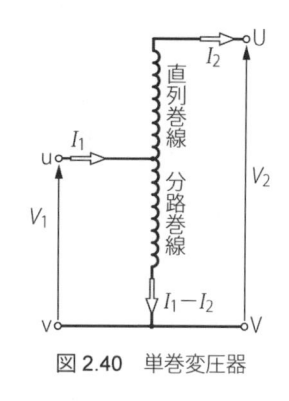

図 2.40 単巻変圧器

必要となる。単巻変圧器はCHAPTER 4にある三相誘導電動機の始動時に用いられる。

3等機関士の仕事

① LOG-BOOKの管理，正午運航データ計算報告
② 発電機，電動機，配電盤など，電気機器の運転管理，保守管理
③ 空調関係，冷凍機関係の運転，保守管理
④ 補助ボイラの運転管理，維持管理
⑤ 廃油焼却炉の運転管理，維持管理
⑥ 機関部員の労務，安全衛生の監督，教育担当
⑦ 船内工作機器の運用管理
⑧ ISMの運用，維持，管理

CHAPTER 3

同期発電機

　船舶は，航行中は陸上から電力の供給を受けられないため，船内で発電する必要がある。船内電源も一般家庭と同様の交流が用いられており，その交流を発電する発電機として同期発電機が用いられる。船舶では，同期発電機の動力源に原動機が用いられ，一般的にディーゼルエンジンや蒸気タービンが適用される。この回転力による機械エネルギーを，電力となる電気エネルギーに変換している。この章では，船内発電機の発電原理と運転方法，保守作業について学ぶ。

3.1　同期発電機の原理

　一般的に用いられる交流発電機は，**三相同期発電機**（Three Phase Synchronous Generator）である。図 3.1 は，発電の原理を示している。CHAPTER 1 の図 1.16 では，磁界中で導体が動いた場合，導体に誘導起電力が発生することが示されているが，ここでは，磁極が動き，導体が固定されている。この場合，磁界が回転するので，相対的に導体が動いていることと同じであり，導体に誘導起電力が発生する。

　この誘導起電力を外部に接続して電力を供給するための機器を同期発電機という。このとき，磁界を発生させる部分を**界磁**（Field），誘導起電力を外部に接続する導体部を**電機子**（Armature）と呼ぶ。

　界磁は，外部の直流電源からブラシとスリップリング（3.2 節に詳述）を介して電源供給され，電磁石を形成する。このとき，界磁巻線に流れる電流を界磁電流，あるいは励磁電流と呼ぶ。ブラシとスリップリングはつねに接触しな

(a) 界磁と電機子

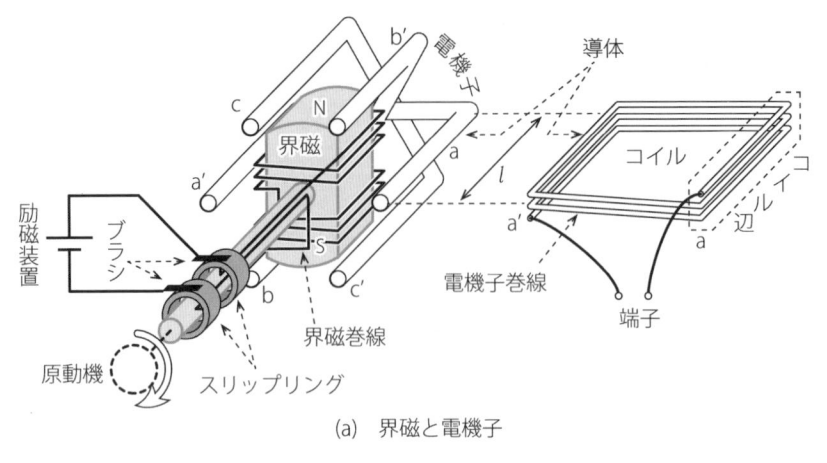

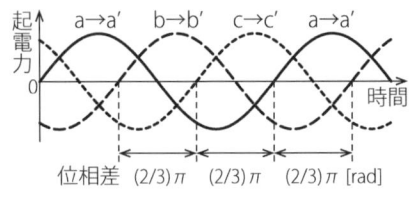

(b) 三相交流波形

図 3.1 三相同期発電機の原理

がら回転するので，摩耗する。スリップリングは容易に交換できないため，メンテナンスを考慮し，交換可能なブラシが摩耗するように設計されている。近年の船舶ではメンテナンスを容易にするため，スリップリングとブラシを必要としない，ブラシレス発電機が採用されるようになっている（3.2 節参照）。

電機子は，図 3.1(a)のように，3 相の巻線で構成されており，これを電機子巻線と呼ぶ。界磁が原動機によって矢印の向きに回転する場合，図 3.1(b)に示されるように，電機子巻線にはそれぞれ誘導起電力が発生する。電機子巻線は $2\pi/3$ [rad] ずつずらして配置されているので，誘導起電力の位相も $2\pi/3$ [rad] ずつずれて発生し，三相交流となる。一相あたりに発生する誘導起電力 e は，フレミングの右手の法則に従い，その大きさは $e=uBl$ [V] である（式(1.12)参照）。磁界の向きと導体の動く向きは直交しているものとする。ここで，B は磁束密

度 [T]，l は導体の長さ（ここでは電機子長さ）[m] であり，u は磁石（界磁）の動く速さ [m/s] を表し，CHAPTER 1 のように導体（電機子）が動くわけではない。

図 3.2 は界磁の構成と誘導起電力の関係を示している。図 3.2(a) は，N 極と S 極の 2 極なので，極数 p は 2 である。この界磁が 1 回転すると，電機子巻線には図 3.2(b) のように 1 周期の誘導起電力が発生する。これが，図 3.2(c) のように極数が 4 極となった場合，電機子巻線には図 3.2(d) のように界磁が 1 回転するうちに 2 周期の誘導起電力が発生するようになる。仮に $p=6$，$p=8$ になった場合は，界磁 1 回転あたり 3 周期，4 周期の誘導起電力がそれぞれ発生することになる。このように，誘導起電力の発生は，界磁の極数に影響される。

また，誘導起電力は磁界の向きと導体の向きのなす角度 θ に依存するため，$e=uBL\sin\theta$（式(1.12)参照）で求められる。したがって，図 3.2(a) のように界磁が 2 極であれば，誘導起電力の最大値は $\theta=\pi/2$ [rad]，最小値は $\varphi=3\pi/2$ [rad] のときになる。つまり，図 3.2(a) の状態を 0 [rad] とするとき，誘導起電力は

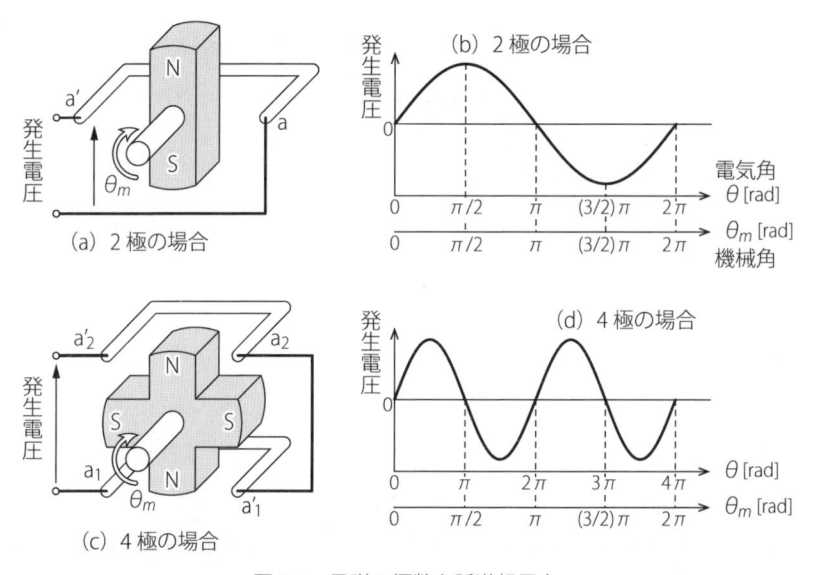

図 3.2　界磁の極数と誘導起電力

発生しないので0[V]であり，界磁となる回転子が右にπ/2[rad]動いたときに最大値となる。したがって，誘導起電力は磁極が電機子巻線に最も近づいたときが最大値と最小値をとり，最も離れたときに0となることがわかる。電機子巻線は，1磁極隔てて巻かれており，これがコイルとなっている。したがって，1つのコイルを構成する2つのコイル辺に，それぞれ界磁の磁極が最も近づいたとき，そのコイルに電流を流そうとする起電力が最大となる。図3.2(c)の場合は，回転子が右にπ/4[rad]動いたときに，電機子巻線に最も近づき，誘導起電力が最大となることが図3.2(d)に示される。つまり，フレミングの右手の法則に従い，電機子の動く向きと磁界の向きが直交する位置にあるとき，誘導起電力が最大となる。

界磁の回転数をn[min^{-1}]とすると，発生する誘導起電力の周波数fは，以下のようになる。

$$f = \frac{n \times \frac{p}{2}}{60} \quad [\text{Hz}] \tag{3.1}$$

このとき，界磁の回転数は同期発電機の**同期速度**（Synchronous Speed）n_sと呼ばれ，式(3.1)から以下のように表される。

$$n_s = \frac{120f}{p} \quad [\text{min}^{-1}] \tag{3.2}$$

つまり，p極の発電機で周波数f[Hz]の交流を発電するには，n_s[min^{-1}]で回転させればよいことがわかる。

図3.1(a)のように1相に相当する電機子巻線は，界磁を一周するような1本のコイルとなっている。そのため，たとえばa相の場合，界磁が図のように時計回りに動いて，N極がa，S極がa′の位置にきたとき，誘導起電力は，aに手前から奥への最大電圧，a′に奥から手前への最大電圧が発生する。

図3.3は，4極発電機の場合の，1相分の界磁と電機子巻線の配置を示す。図3.3(b)は，磁束密度分布を示しており，N極が電機子巻線のコイル辺aに最

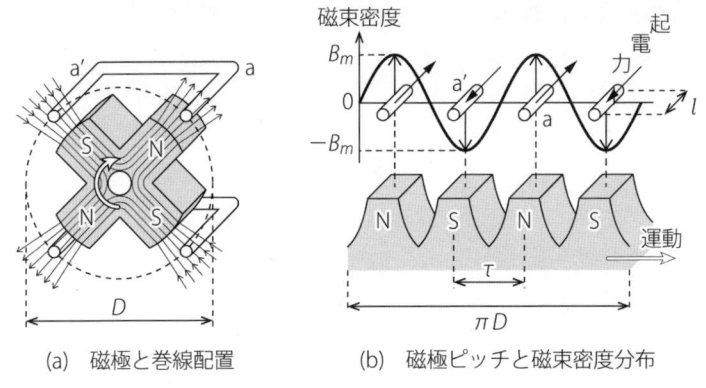

(a) 磁極と巻線配置　　(b) 磁極ピッチと磁束密度分布

図3.3　界磁と電機子巻線

接近したときに磁束密度 B が最大（$+B_m$）となり，誘導起電力は手前から奥方向へ最大電圧となる。同様に，もう一方の電機子巻線のコイル辺 a′ には S 極が最接近しており，このとき磁界は反対方向に発生するため，磁束密度が最小（$-B_m$）となっており，誘導起電力は奥から手前方向への最大電圧になる。このとき，このコイルの両端電圧 e_0 は，それぞれの導体（コイル辺）がつながっていることから電圧が重畳されるので

$$e_0 = 2e = 2uBl\sin\theta \quad [\text{V}] \tag{3.3}$$

となり，各導体（コイル辺）の 2 倍の誘導起電力になる。このコイルが 2 重，3 重と巻数 N が増えると誘導起電力も比例して大きくなるので，1 つのコイルに発生する誘導起電力は

$$e_0 = 2e = 2NuBl\sin\theta \quad [\text{V}] \tag{3.4}$$

になる。

　ここで，磁束密度が次のような正弦波で分布していることを前提とすると，誘導起電力も正弦波となる。

$$B = B_m\sin\omega t = B_m\sin(2\pi f)t \quad [\text{T}] \tag{3.5}$$

図3.3(b)のように,磁極ピッチを τ [m],電機子直径を D [m] とすれば

$$\tau = \frac{\pi D}{p} \tag{3.6}$$

となり,速度 u は

$$u = \frac{\pi D n_s}{60} \quad [\text{m/s}] \tag{3.7}$$

となる。同期速度 n_s(式(3.2))と式(3.6)を式(3.7)に代入すると

$$u = 2\tau f \quad [\text{m/s}] \tag{3.8}$$

となる。これと式(3.5)を,式(3.4)に代入すると

$$e_0 = 2N \cdot 2\tau f \cdot B_m \sin(2\pi ft) \cdot l \quad [\text{V}]$$
$$= E_m \sin(2\pi ft) \quad [\text{V}] \tag{3.9}$$

となり,誘導起電力も $E_m = 4\tau N f l B_m$ を最大値とした正弦波をしていることがわかる。

正弦波分布をする磁束密度の平均値(正の平均値)B_a は

$$B_a = \frac{2}{\pi} B_m \tag{3.10}$$

であり,一磁極あたりの磁束 Φ は

$$\Phi = B_a \tau l = \frac{2}{\pi} B_m \tau l \quad [\text{Wb}] \tag{3.11}$$

で,求められる。したがって,誘導起電力の実効値 E' は

$$E' = \frac{E_m}{\sqrt{2}} = \frac{4\tau N f l B_m}{\sqrt{2}} = \sqrt{2}\pi N f \Phi = 4.44 N f \Phi \tag{3.12}$$

となる。これは，1つのコイルに発生する誘導起電力であり，一相についてこのコイルが直列に p 個接続されることから，一相の直列巻線数を $N_1=pN$ とすると，相電圧 E は，次式のようになる。

$$E = 4.44 N_1 f \Phi \qquad (3.13)$$

日本の船舶における発電機では，一般的に定格周波数は 60 Hz，定格電圧は 450 V で発電される。

3.2 同期発電機の構造

発電機は，機械エネルギーを電気エネルギーに変換する装置である。そのため，同期発電機で発電するには，エネルギー源となる機械エネルギーを発生させる原動機が必要となる。陸上の発電所では，原動機に水力発電所の場合は水車が，火力発電所および原子力発電所では蒸気タービンが利用されている。船舶においては，一般的に主発電機の原動機にはディーゼルエンジンが，補助発電機として蒸気タービンが用いられていることが多い。

図 3.4 に，船舶における同期発電機の外観を示す。同期発電機にディーゼルエンジンが直結されていることがわかる。この回転力を利用し，同期発電機を駆動する。

(a) 全体構成

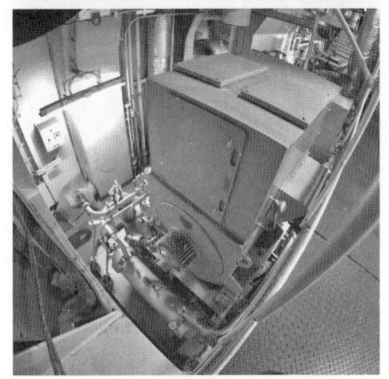

(b) 発電機および励磁装置

図 3.4 同期発電機外観

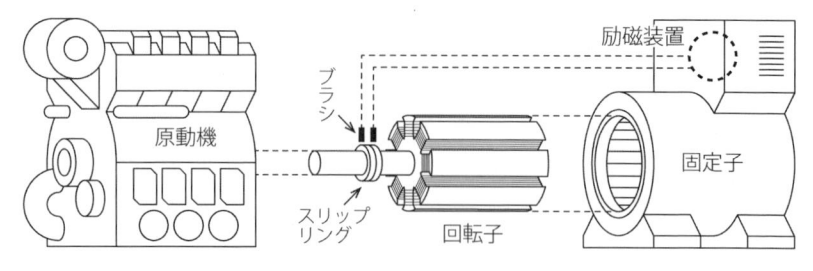

図 3.5　同期発電機の構造

　同期発電機の構造は，大きく分類すると，静止側の**固定子**（Stator）と回転側の**回転子**（Rotor）に分けられる。図 3.5 に同期発電機の構造を示す。固定子のなかに回転子が挿入されており，これらの間に隙間（エアギャップ）がある。エアギャップが大きくなると，磁気抵抗が大きくなり磁束が減少してしまう（＝起電力が低下してしまう）ので，なるべく狭く設計されている。ただし，狭くするほど電機子反作用（3.3 節で詳述）による影響が大きくなり誘導起電力の低下を招くため，CHAPTER 4 の誘導電動機におけるエアギャップのように狭くすることはできない❷。

　界磁を固定子，電機子が回転子として動いた場合であっても，電機子が固定子，界磁が回転子として動いたとしても，いずれの方式でも起電力は同様に発生する。回転子が界磁となる発電機を回転界磁形同期発電機，回転子が電機子となるものを回転電機子形同期発電機と呼ぶ。

　図 3.6 に回転界磁形（Revolving-field Type）と回転電機子形（Revolving-armature Type）の違いを示す。回転界磁形は，図 3.6(a)に示すように，回転子が界磁，固定子が電機子となっており，起電力は電機子から取り出すため，固定子側から起電力を取り出すことになる。そのため，スリップリングなどの摺動部がなく，集電に有利な回転界磁形が一般的に用いられている。先に示した図 3.5 の発電機は，回転界磁形同期発電機の構造である。さらに，界磁の形状により，回転界磁形同期発電機は突極形と円筒形に分類される。一般的に，低速回転で利用する場合には突極形，高速回転の場合には円筒形が用いられる。

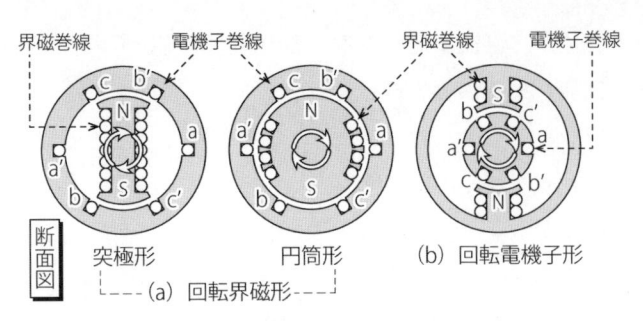

図3.6 回転界磁形と回転電機子形

　船舶においては，保守整備の面で容易な突極形が用いられている。ただし，高速回転で運転するタービン発電機（ターボ発電機）が用いられる場合は，強度面から円筒形が用いられる。回転界磁形の利点は，回転部（界磁）には，低電圧，小電流が供給されることである。この結果，界磁巻線の絶縁がしやすく，スリップリングやブラシが小型となり，回転体の慣性力も小さくなる。また，製作が容易となる❸。

　図3.6(b)に示される回転電機子形は，ブラシレス発電機の励磁機に用いられる。

（1）ブラシレス発電機

　近年の船舶ではメンテナンスの容易さから，**ブラシレス発電機**が多用されている。図3.7にブラシレス発電機の構成を示す。励磁回路は，交流励磁機と回転整流器から構成される❶。

　交流励磁機は，回転電機子形発電機のことであり，ここで発生した起電力は回転整流器と呼ばれる同軸上の整流

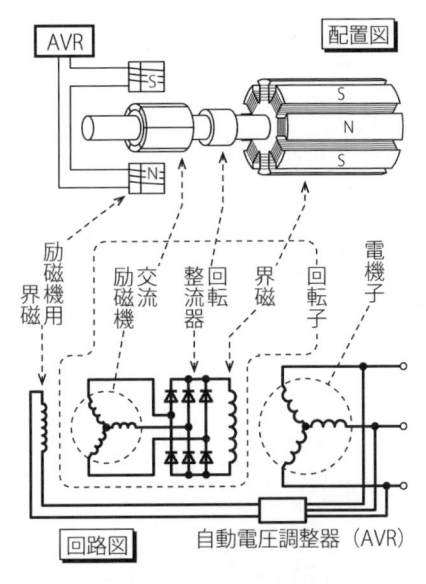

図3.7 ブラシレス発電機

装置によって交流から直流に変換する。この直流電流を界磁巻線に供給するので，外部から直流電源を供給する必要がなくなり，図 3.5 に示すようなスリップリングとブラシが不要となる。つまり，摺動部がなくなるので，ブラシレス発電機は以下の利点を持っている❸。

- 接触部がないため，火花が発生しない。
- 接触による銅粉や炭素粉が発生せず，保守が容易。
- 振動に強い。
- 全閉構造にできる。

これらの利点から，ブラシレス発電機は安全性，保守性が高く，多くの船舶で採用されている。

また，発電機の励磁電流は，負荷の増減に応じて自動電圧調整器（AVR：Automatic Voltage Regulator）で交流励磁機用界磁に印可する電圧を調整している。したがって，負荷が増加した場合には発電機出力電圧が低下するため，AVR で交流励磁機用界磁電流を増加させて出力電圧の低下を防ぎ，逆に，負荷が減少した場合には AVR で界磁電流を減少させて出力電圧の増大を防ぎ，出力電圧を一定に保つ❶。

(2)以降は，船舶で多用されている回転界磁形のブラシレス同期発電機の構成について説明する。

(2) 固定子

図 3.8 に固定子の概観を示す。固定子は以下のものから構成されている。

- 固定子枠

    電機子を固定するもので，発電機の外枠である。これは磁路になるため，透磁率が高く，かつ機械的な強度を有する材質が用いられる。

- 電機子巻線

    起電力を取り出す部分で，絶縁処理された銅線をコイルにして用いる。

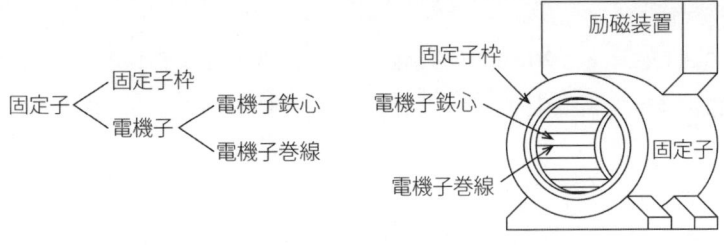

図 3.8　固定子

- 電機子鉄心

    電機子巻線を巻くための鉄心である．この鉄心は，CHAPTER 2 の鉄心と同様に，鉄損を抑制するために，けい素鋼板を薄く圧延したものを絶縁し，積層した構成になっている．

- 励磁装置

    電機子から一部の出力を取り出して整流し，これを交流励磁機の界磁用電源に用いる．

    ブラシがある発電機の場合は，界磁を形成するために，界磁巻線に直流電流を供給し，界磁鉄心を励磁するときに用いる外部の直流電源を指す．

(3) 回転子

図 3.9 に回転子の構成を示す．回転子は以下のものから構成されている．

- 界磁鉄心

    電機子鉄心同様，鉄損の抑制のため，けい素鋼板を用いる．いわゆる電磁石の鉄心部分である．

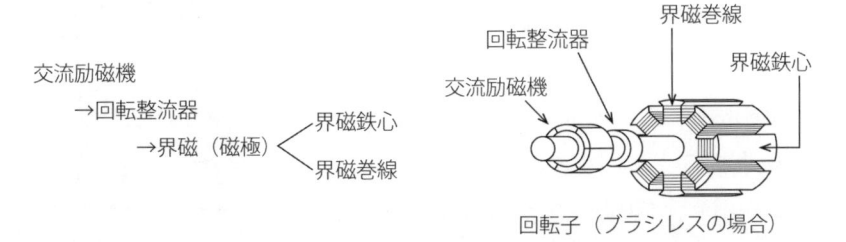

図 3.9　回転子

- 界磁巻線

    電磁石にするための直流の励磁電流を通電するコイルのことである。励磁電流は，交流励磁機による起電力を同一軸上の整流器で整流し，供給される。

- 交流励磁機

    軸に直結した小型の回転電機子形同期発電機のことである。この起電力が界磁巻線に供給される。また，交流励磁機の界磁は，励磁装置から電源供給される。

- 回転整流器

    交流励磁機で発生した起電力は交流なので，これを整流して界磁巻線に直流を供給する。

〔ブラシがある発電機の場合〕

- ブラシ

    励磁装置から供給される直流電源のプラス端子とマイナス端子部分。主にカーボンで構成される。

- スリップリング

    ブラシと接触して界磁巻線に直流を供給するための金属リングの端子部分。プラスとマイナスの2つのリングで構成される。

(4) スペースヒータ

発電機停止中に内部の湿気で結露すると，巻線に施した絶縁の電気抵抗が低下してしまう。これを防止するため，船舶ではスペースヒータを発電機内に装備し，内部温度を高めることで結露を防止している。図 3.10 にスペースヒータの外観を示す。このとき，気中遮断器（ACB）とインターロック（CHAPTER 5 参照）にし，

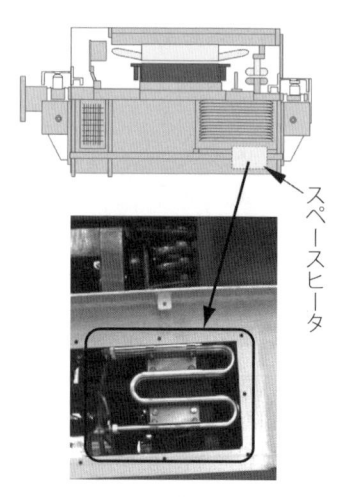

図 3.10　スペースヒータ
(JRCS，西芝電機提供)

発電機停止中のみ作動するよう設定されており，ACB が CLOSE した段階でスペースヒータは停止する❸．つまり，発電機が運転している間は，スペースヒータのスイッチを ON にしても作動しない仕組みとなっている．

3.3 同期発電機の理論

(1) 電機子反作用

　電機子は，電機子鉄心と電機子巻線から構成されており，電機子巻線に電流が流れると，電機子自身が電磁石となる．これにより発生した磁界が，界磁による主磁束に影響を与え，結果的に誘導起電力へ影響を与える．この現象を，**電機子反作用**（Armature Reaction）と呼ぶ❸．電機子には負荷が接続されており，負荷の種類によって電機子反作用による影響が異なる．

---

2 等機関士の仕事

① 発電機原動機の運転，（補機を含む）保守管理（ディーゼル機関，タービン機関）
② 主ボイラの運転，保守管理（主機関が蒸気タービンの場合）
③ 補助ボイラ・排エコの運転，保守管理（発電機原動機がタービン（排エコ使用）の場合）
④ 荷役装置の運転，保守管理（タンカーの場合）
⑤ 燃料油の管理（消費量，購入，性状管理分析），LOG-BOOK の正午燃料計算
⑥ 船用品，用度関係の管理，発注，受領管理
⑦ 空気圧縮機，燃料，潤滑油清浄機の運転，維持，保守管理
⑧ 機関職部員の労務，安全衛生の監督，教育担当
⑨ ISM の運用，維持，管理

◆ 抵抗負荷の場合（抵抗のみ）

　負荷が抵抗のみの場合，力率が1となり，起電力と電機子電流の位相差 φ は，$\varphi=0$ [rad] である。図 3.11 に交さ磁化作用の様子を示す。電機子電流と起電力の波形から，電機子電流波形 i_a と起電力波形 e_a が同相であることがわかる。

　この状態で，時刻①のとき，磁極位置と電機子電流の通電方向は，図 3.11 左上の断面図のようになる。界磁による主磁束の界磁起磁力は磁束方向が上向きになるのに対して，電機子電流によって形成される磁界の起磁力方向は中央部において左向きになっており，それぞれの起磁力が直交していることがわかる。同様に，時刻②のときには，図 3.11 右上の断面図のように，主磁束が右向き，電機子電流による磁界の起磁力方向が上向きとなっており，つねに直交する。結果的に形成される磁界は，これらの合成起磁力となり，この合成起磁力によって誘導起電力が発生させられる。

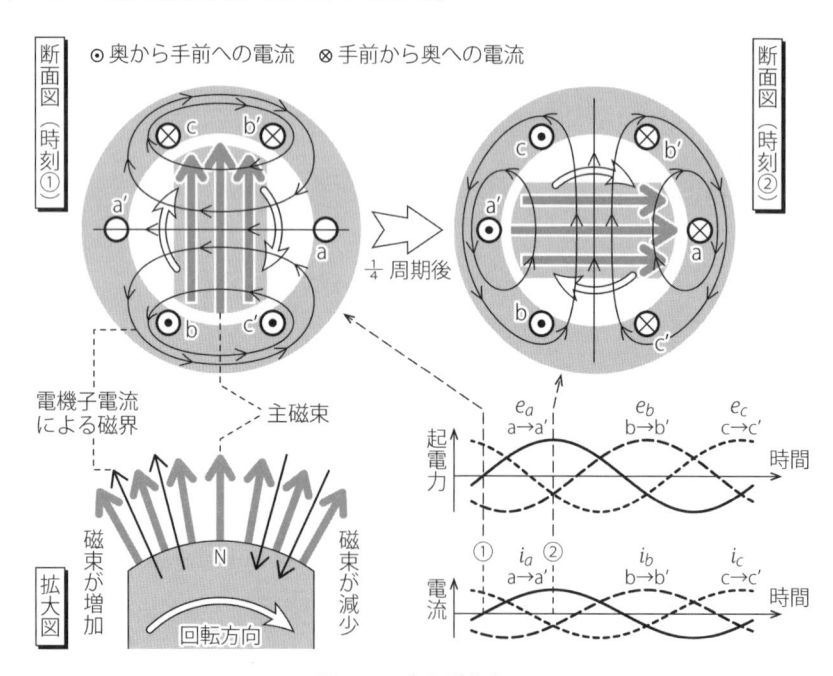

図 3.11　交さ磁化作用

さらに，磁極部分を考えると，磁極の回転方向と逆側では磁束が増加し，磁極の回転方向側では磁束が減少している。このような作用を，**交さ磁化作用**（Cross Magnetizing Effect）と呼ぶ。

◆ 誘導性負荷の場合（インダクタンスのみ）

負荷にインダクタンス（コイル）のみ接続されているような誘導性負荷の場合，起電力に対して，電機子電流は遅れ位相となり，その位相差 φ は $\varphi = \pi/2\,[\mathrm{rad}]$ である。図 3.12 に減磁作用の様子を示す。時刻①のとき，磁極位置と電機子電流の通電方向は図 3.12 左上のようになり，このときの，界磁による主磁束の界磁起磁力と電機子電流による磁界で形成された起磁力の方向は，それぞれ逆向きになっている。その結果，それぞれの起磁力が打ち消し合うことがわかる。時刻②においても同様に，それぞれの起磁力が打ち消し合っている。つまり，合成起磁力が本来の界磁による主磁束の起磁力よりも小さくなることから，

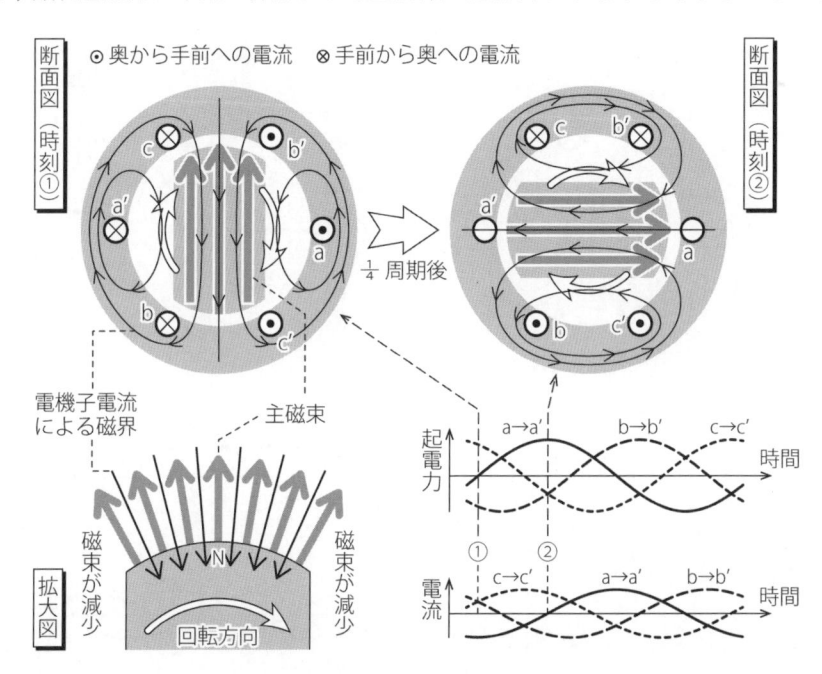

図 3.12　減磁作用

起電力も低くなるといった影響が現れる。

さらに，磁極部分を考えると，図 3.12 左下に示すように磁極全体で磁束が減少している。このような作用を**減磁作用**（Demagnetizing Effect）と呼ぶ。

◆ **容量性負荷の場合（キャパシタンスのみ）**

負荷にキャパシタンス（コンデンサ）のみ接続されているような容量性負荷の場合，起電力に対して電機子電流は，位相差 φ が $\varphi=\pi/2$ [rad] の進み位相となる。図 3.13 に磁化作用の様子を示す。時刻①のとき，磁極位置と電機子電流の通電方向は図 3.13 左上のようになり，界磁による主磁束の界磁起磁力の方向と電機子電流によって形成される磁界の起磁力の方向が，それぞれ同じ向きになっている。その結果，それぞれの起磁力が高め合うことがわかる。時刻②においても同様である。つまり，合成起磁力が本来の界磁による主磁束の起磁力よりも大きくなることから，起電力も高くなる。

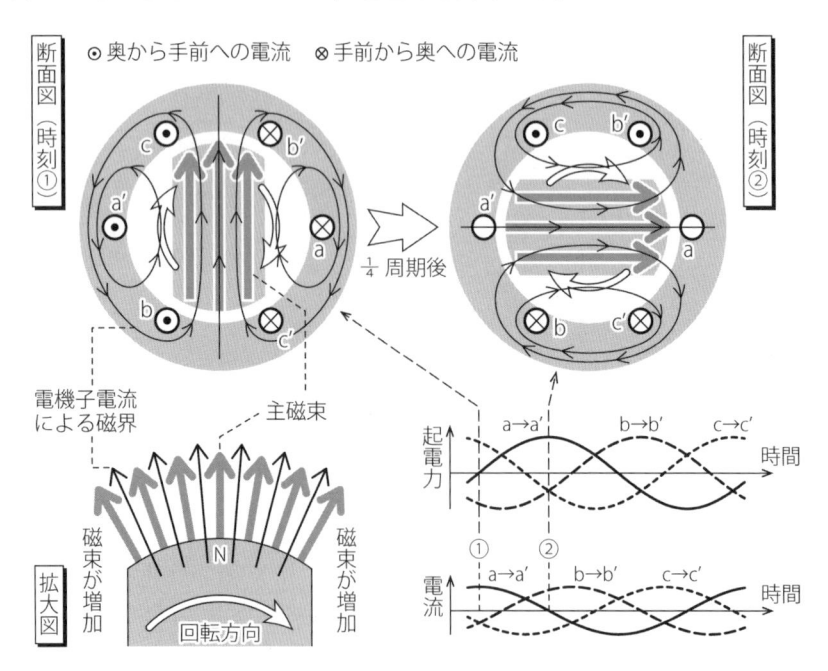

図 3.13　磁化作用

さらに，磁極部分を考えると，図 3.13 左下に示すように磁極全体で磁束が増加している。このような作用を**磁化作用**（Magnetizing Effect）と呼ぶ。

◆実負荷の場合

実際の負荷は，抵抗のみ，インダクタンスのみ，あるいはキャパシタンスのみで接続されることはない。船舶では，各種ポンプを駆動する誘導電動機，エアコンなどのコンプレッサー用誘導電動機が負荷となるため，一般的に誘導性負荷（抵抗＋インダクタンス）になる。このため，電機子反作用は減磁作用となり，起電力の低下を引き起こす。発電の際には，このことをあらかじめ考慮する必要がある。

(2) 等価回路

負荷に接続する端子電圧は，いくつかの電圧降下を経るため，同期発電機で発生した誘導起電力と同一にはならない。これらの電圧降下を考慮した同期発電機の 1 相分の等価回路は，図 3.14 で表される。この等価回路における電機子電流と各電圧降下の関係をベクトル図で表すと，図 3.15 になる。電圧降下を生じる因子は次のとおりである❷。

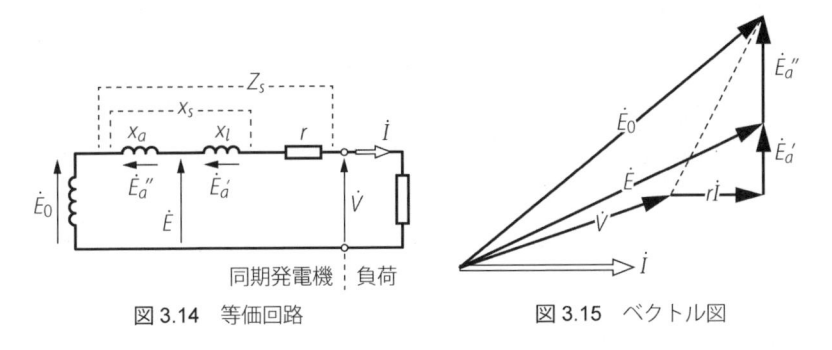

図 3.14　等価回路　　　図 3.15　ベクトル図

◆漏れ磁束（Leakage Flux）

界磁による主磁束は，界磁巻線に通電して磁束を発生させるが，このときす

べてが界磁鉄心における磁束になるのではなく，界磁磁束に影響を与えずに磁路を通らない漏れ磁束が存在する。この漏れ磁束によって生じる逆起電力は，リアクタンス x_l [Ω] による電圧降下に置き換えることができる。このリアクタンス x_l を**漏れリアクタンス**（Leakage Reactance）と呼ぶ❷。電機子電流を $\dot{I}$ としたとき，漏れリアクタンス x_l による電圧降下は，電流より $\pi/2$ [rad] 進んで現れ，その大きさは次のように表せる。

$$\dot{E}_a' = x_l \dot{I} \tag{3.14}$$

漏れリアクタンスによる電圧降下❷のベクトルを $\dot{E}_a'$ とする。したがって，$\dot{E}_a'$ によって端子間電圧（出力電圧）V は，誘導起電力 $\dot{E}_0$ よりも小さくなる。

◆電機子反作用

電機子反作用によって誘導起電力に影響を与えることを前項で述べたが，基本的に実負荷は誘導性負荷であるため，誘導起電力は低下する。この低減電圧分は，等価的にリアクタンス x_a [Ω] を直列に接続した際の電圧降下と考えることができる。したがって，電機子電流 $\dot{I}$ としたとき，このリアクタンス x_a に通電されたときの電圧降下は，電流より $\pi/2$ [rad] 進んで現れ，その大きさは次のように表せる。

$$\dot{E}_a'' = x_a \dot{I} \tag{3.15}$$

このとき，電圧降下を引き起こすリアクタンス x_a を，**電機子反作用リアクタンス**（Armature Reaction Reactance）と呼ぶ。また，電機子反作用による電圧降下❷のベクトルを $\dot{E}_a''$ とする。したがって，誘導起電力が E_0 であっても，電機子反作用によって起電力は低減するので，実際の起電力 E は $\dot{E} = \dot{E}_0 - \dot{E}_a''$ となる。ここで，無負荷時の誘導起電力 E_0 を公称誘導起電力，実際に負荷を接続した際の起電力 E を内部起電力❷と呼ぶ。

◆電機子巻線の抵抗成分

電機子巻線は導線であり，負荷に接続するための配線もまた導線であり，こ

れらの導線は抵抗が 0 になることはなく，抵抗成分 r [Ω] が少なからず存在する。そのため，この抵抗 r によって電圧降下❷が生じることを考慮しておく必要がある。

図 3.14 の等価回路において，漏れリアクタンス x_l と電機子反作用リアクタンス x_a の合成リアクタンス x_s を**同期リアクタンス**（Syncronous Reactance）といい，$x_s = x_a + x_l$ [Ω] で表される。さらに，電機子巻線の抵抗成分 r と同期リアクタンスによるインピーダンス Z_s [Ω] を**同期インピーダンス**（Syncronous Impedance）と呼び，$Z_s = \sqrt{r^2 + x_s^2}$ で表される。

実際の出力となる端子間電圧 V は，無負荷時の誘導起電力 E_0 から，E_a'，E_a''，$r \times I$ の各電圧降下によって低くなることがわかる。

3.4　同期発電機の並行運転（並列運転）

同期発電機は，最大負荷時に最大効率になる特性を持つ。そのため，船舶においては，負荷状態に合わせて同期発電機の運転台数を調整することで，効率向上を図っている。発電機と母線の接続図を図 3.16 に示す。このように，複数台の同期発電機を一つの母線に並列接続し，負荷分担しながら運転することを，並行運転または並列運転（Parallel Operation）という。

一般的に，大洋航海中あるいは停泊中は発電機を単独運転とし，負荷が増大する出入港時や狭水道航行中に並行運転とする。

また，船舶では，つねに発電機によ

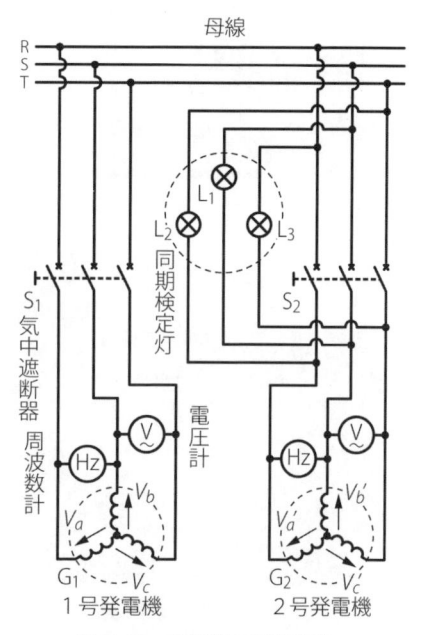

図 3.16　発電機の並列接続

って船内に電力を供給しなければならないため，複数台の発電機を設置し，休止中の発電機を予備機とすることで，メンテナンスが可能となる。

図 3.17 に発電機同期盤の概要を，図 3.18 に配電盤内部写真を示す。船舶では，発電機同期盤と給電盤をあわせ，配電盤と呼んでいる。配電盤には，以下の機器が装備されている❸。

① 計器

電圧計，電流計，電力計，力率計，周波数計，同期検定器

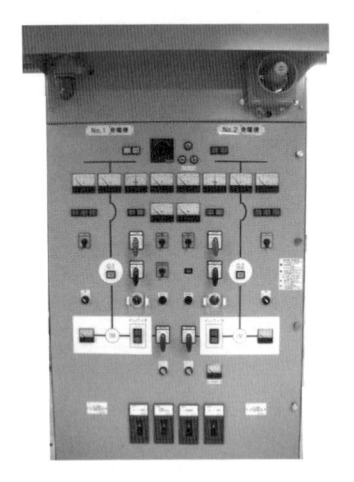

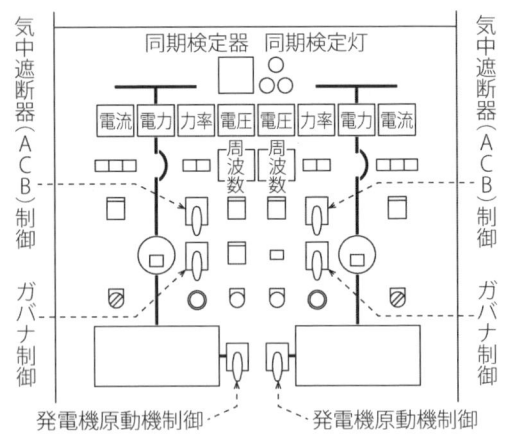

(a) 同期盤配置

(b) 同期盤の外観   (c) 配電盤の外観

図 3.17　発電機同期盤

② スイッチ

原動機運転用スイッチ，ACB（高電圧配電盤の場合はVCB（真空遮断器）），MCCB（配線用遮断器）

③ 表示灯（運転表示灯）
- 発電機制御

  運転モード選択（Manual, Auto），Stand-by表示，自動負荷移行，自動同期，ACBトラブルリセット，スペースヒータ作動表示

- 原動機制御

  運転表示（Start, Stop），Ready to Start，各種警報表示，アース灯，同期検定灯

④ 保護装置

　過電流継電器，逆電力継電器，選択遮断用過電流継電器

⑤ 制御装置

　ガバナ，AVR（自動電圧調整）

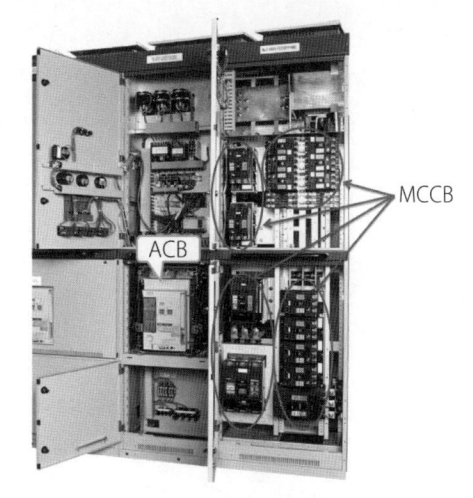

図3.18　配電盤内部

（1）運転条件

発電機を並行運転するためには，次に示す要求条件を満たす必要がある❸。
① 起電力の大きさが等しい。
② 起電力の周波数が等しい。
③ 起電力の位相が一致している。
④ 起電力の波形が等しい。
⑤ 起電力の相順が等しい。

これらの条件が満たされない場合には異常現象が発生し，ブラックアウトを引き起こすおそれがある。ただし，④と⑤に関しては，発電機がこの条件を満たすようにあらかじめ設計されているので，基本的には航海中に調整する必要はない。

図 3.19 に，発電機同期盤で並行運転を行うために注視すべき箇所を示す。

① 母線と接続されている発電機と並行運転しようとしている発電機の両機が，等しい電圧であることを各機の電圧計で確認する。
② 両機の周波数が等しいことを各機の周波数計で確認する。
③ 両機の位相が一致しているか，同期検定灯で確認する。

これらの計器によって，並行運転する条件を満たしているか必ず確認する。

同期検定灯は，両機（母線に接続されている発電機と並行運転しようとしている発電機）の位相を一致させるために用いる。その結線は図 3.16 に示され，位相が一致する瞬間を，検定灯の明るさでわかるようになっている。同期検定灯の点灯原理をベクトルで表すと，図 3.20 となる。ランプ L_1 に関しては，同相の電圧差で点灯し，L_2 と L_3 は L_1 の相以外の 2 相同士の電圧差で点灯する。つまり，ランプ L_1 にかかる電圧は b 相の電圧差 $\dot{V}_b - \dot{V}_b'$，ランプ L_2，L_3 にかかる電圧は a 相と c 相の電圧差でそれぞれ，$\dot{V}_c - \dot{V}_a'$，$\dot{V}_a - \dot{V}_c'$ となる。

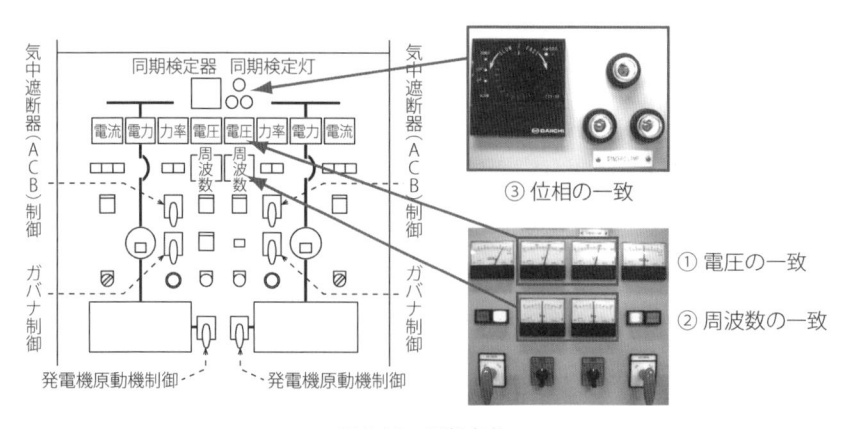

図 3.19　運転条件

(a) 位相差があるとき　(b) 位相が一致したとき　(c) 最大輝度の状態

図 3.20　同期検定灯の点灯原理

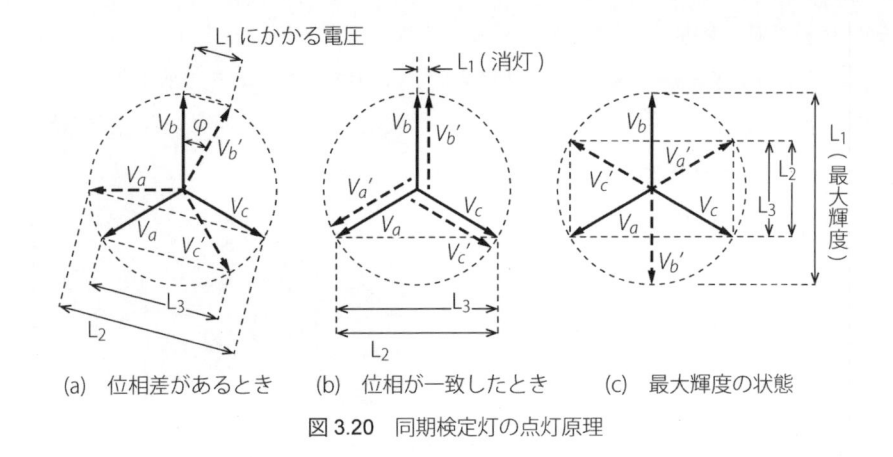

位相が一致しない状態では図 3.20(a) のように，各相に電圧差が生じ，各ランプは異なる輝度で点灯する。位相が一致した場合には，図 3.20(b) に示されるように，L_1 は b 相同士なので電圧差が 0 となり消灯し，L_2 と L_3 の電圧差は等しくなるので同輝度で点灯する。同期状態での検定灯は，L_1 が消灯し，L_2 と L_3 が同輝度で点灯する❸。ランプが最大輝度で点灯するのは，図 3.20(c) のように L_1（ここでは V_b，V_b' の b 相）の位相差 φ が π[rad] ずれているときであり，このとき，L_1 が最大輝度となる。そのときの電圧は，一相の相電圧の 2 倍となり，Y 結線されているので，線間電圧の $2/\sqrt{3}$ 倍，つまり 1.155 倍となる❸。L_2 が最大輝度で点灯する場合は V_a' と V_c，L_3 が最大輝度で点灯する場合は V_a と V_c' の位相差がそれぞれ π[rad] ずれているときであり，各相の位相差が $\pm\pi/3$[rad] ずれているときである。そのときの電圧も，一相の線間電圧（定格電圧）の 1.155 倍となる。

(2)　同期投入方法

発電機を単独運転から並行運転するには，前項の運転条件を満たさなければ，同期投入してはいけない。

いま，1 号発電機 G1 が定格電圧 450V，規定周波数 60Hz で単独運転し，母

線に接続され，船舶の全負荷を担っている状態になっているとする。この状態から，2号発電機G2を運転し，同期投入する操作方法を以下に示す❸。

① 原動機始動

2号発電機原動機を始動し，規定回転数で運転する。

② 周波数調整

2号発電機原動機のガバナを用いて原動機の回転数を制御し，規定の周波数（船舶では60Hz）に調整する。また，母線周波数が規定値であることを確認する。もし規定値でないならば，1号発電機G1の周波数を調整する。

③ 電圧確認

2号発電機が定格電圧（船舶では450V）になっていることを確認する。電圧が異なっていれば，界磁抵抗器を用いて，定格電圧になるよう調整する。また，母線電圧が規定電圧であることを確認する。もし規定値でないならば，1号発電機G1の電圧を調整する。

④ 位相確認

　同期検定器を接続（"SYNCHRO SCOPE"スイッチを ON）し，2号発電機の周波数を1号発電機よりわずかに（0.3 Hz 程度）高くなるよう設定する。このとき，同期検定器の指針は"SLOW"から"FAST"方向へ回転し，3〜4秒で1回転（時計回り）する。

⑤ ACB（気中遮断器）投入

　同期検定器で同期（位相の一致）を確認し，ACB を投入（CLOSE）する。このときの同期検定灯の点灯状態と同期検定位相計の状態は，④の図のとおりである。同期検定灯は，上の検定灯が消灯し，下2つの検定灯が同じ明るさで点灯している。位相計の針は上を向いている。同期投入操作が終了すれば，"SYNCHROSCOPE"スイッチを"OFF"位置に戻す。

⑥ 負荷分担

　同期投入終了後，ガバナを用いて1号発電機の負荷を2号発電機に移し，同じ負荷になるよう調整する。このとき，1号発電機原動機のガバナを LOWER 方向に，2号発電機原動機のガバナを RAISE 方向に同時に操作する。

＜注意事項＞

負荷移行時は，周波数変動に注意し，既定値から外れないように操作する。なお，発電機同期投入後の母線周波数調整は，1号および2号発電機のガバナを同時に"RAISE"または"LOWER"に操作する。

⑦　無効電流調整

負荷調整終了後，各機の電流計，力率計を確認し，これらの値が異なっていれば，同一電流になるよう界磁抵抗器を用いて調整する。

(3) 並行運転の解除方法

出入港などのスタンバイ（S/B）が解除され，負荷が低減されたならば，効率向上のため並行運転から単独運転に切り替える。2台の発電機で負荷分担しながら並行運転している場合，片方の発電機を母線から切り離すと，母線に接続されているもう片方の発電機にすべての負荷がかかることになる。これにより母線に接続されている発電機が衝撃を受け，不安定な運転になる。そのため，並行運転を解除するには，母線から切り離す発電機にかかっている負荷を単独運転する発電機へ負荷移行してから切り離す必要がある。ここでは，並行運転中に1号発電機を切り離し，2号発電機を単独運転にする方法を示す。

① 負荷移行

並行運転方法と同様に，ガバナを用いて1号発電機の負荷を2号発電機に移す。このとき，1号発電機原動機のガバナをLOWER方向に，2号発電機原動機のガバナをRAISE方向に同時に操作する。

② ACB引き外し

1号発電機の負荷が定格電力の5％以下に減少したならば，ACBを引き外す（OPEN）。

③ 周波数調整

負荷移行後，2号発電機の周波数が既定値より高い場合には，2号発電機原動機のガバナを"LOWER"に操作し，低い場合には"RAISE"に操

作して既定周波数に調整する。

④ 原動機停止

1号発電機原動機を停止する。

(4) 異常現象

発電機の並行運転条件を満たさなくなった場合，2台の発電機間で電流が流れ，異常現象が起こる。

◆起電力の大きさが異なる場合

並行運転中，励磁の変化など何らかの理由で2台の発電機で起電力が異なった場合，図 3.21 (a) (b) に示すように1号発電機の起電力 $\dot{E}_{01}$ が2号発電機の起電力 $\dot{E}_{02}$ より大きければ，起電力差 $\dot{E}_C = \dot{E}_{01} - \dot{E}_{02}$ によって，両発電機間で電流 $\dot{I}_C$ が流れてしまう。この電流 $\dot{I}_C$ を**無効横流**(Reactive Cross Current)と呼ぶ❷。

図 3.21 (c) にベクトル図を示す。このように無効横流 $\dot{I}_C$ は $\dot{E}_C$ より $\pi/2$ [rad] 遅れの遅れ電流となる（一般的に，電機子巻線の抵抗 r は同期リアクタンスに比べて非常に小さいため，ここでは r を無視して考える）。このとき発電機間

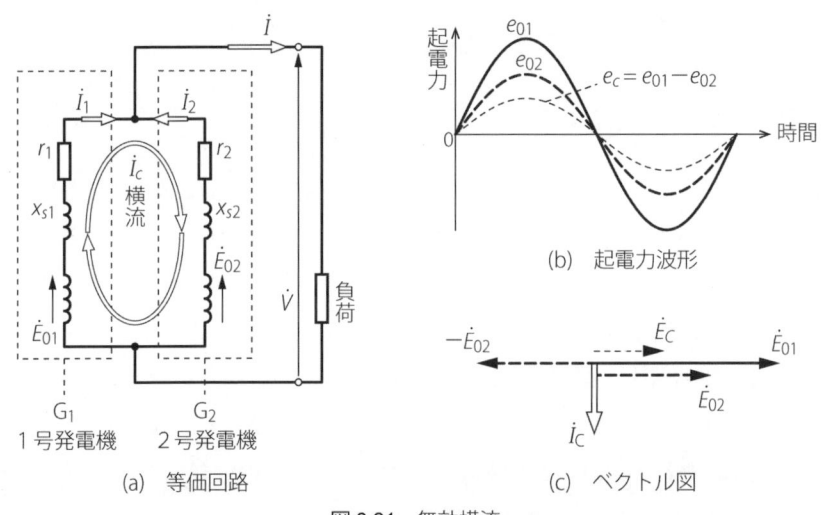

(a) 等価回路

(b) 起電力波形

(c) ベクトル図

図 3.21 無効横流

に循環する無効横流のみを考慮すると，$\dot{I}_C$ は 1 号発電機では流出電流，2 号発電機では流入電流であり，$\dot{I}_1=\dot{I}_C$，$\dot{I}_2=-\dot{I}_C$ となる．したがって，1 号発電機起電力 $\dot{E}_{01}$ に対して $\dot{I}_C$ は遅れ電流となるので，電機子反作用の減磁作用が働き，逆に，2 号発電機起電力 $\dot{E}_{02}$ に対して $\dot{I}_C$ は進み電流となるので，電機子反作用の磁化作用が働く．

つまり，1 号発電機では $\dot{E}_{01}$ が低下し，2 号発電機では $\dot{E}_{02}$ が上昇するので，両発電機間の起電力差が小さくなるように作用する．無効横流は出力に影響しないが，発電機内部で電機子抵抗による抵抗損を生じさせるので，電機子巻線を加熱させる原因となる❶．

無効横流によって 1 号発電機に発生する電力を P_1，2 号発電機に発生する電力を P_2 とすると，$\dot{I}_C$ は $\dot{E}_{01}$ より $\pi/2$ [rad] 遅相，$\dot{E}_{02}$ より $\pi/2$ [rad] 進相なので，それぞれの電力は次のように表される．

$$P_1 = E_{01} I_C \cos\left(-\frac{\pi}{2}\right) = 0 \quad [\text{W}] \tag{3.16}$$

$$P_2 = E_{02} I_C \cos\left(\frac{\pi}{2}\right) = 0 \quad [\text{W}] \tag{3.17}$$

つまり，無効横流が流れても各発電機に有効電力は生じないことがわかる．

◆**起電力の位相が異なる場合**

並行運転中に，一方の発電機原動機の回転数が変化するなど，何らかの理由で 2 台の発電機で起電力の位相が異なった場合，図 3.22(a) に示すように起電力差 $e_c=e_{01}-e_{02}$ によって，両発電機間で循環電流 i_c が流れてしまう．この電流 i_c を**有効横流**（Effective Cross Current）と呼ぶ❷．ここでは，1 号発電機起電力 e_{01} が 2 号発電機起電力 e_{02} より δ [rad] 進んでいる場合を考える．

図 3.22(b) はベクトル図を示している．無効横流と同様に有効横流 $\dot{I}_C$ も，$\dot{E}_C$ より $\pi/2$ [rad] 遅れの遅れ電流である．$\dot{I}_C$ は $\dot{E}_{01}$ と $\dot{E}_{02}$ の位相差 δ のちょうど中間になるので，$\dot{I}_C$ は $\dot{E}_{01}$ より $\delta/2$ [rad] 遅れの遅れ電流である．図 3.21(a) の等価

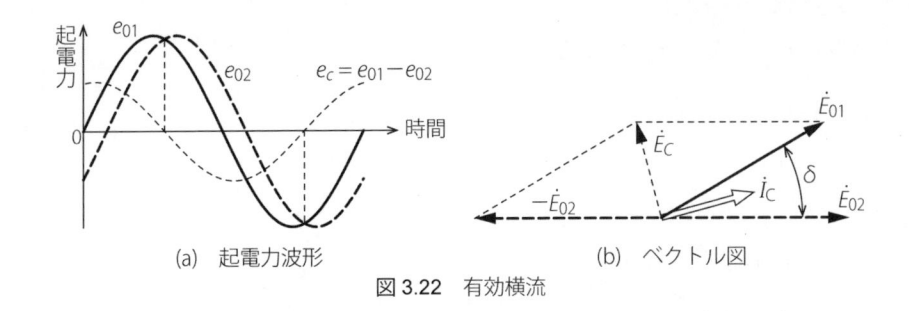

(a) 起電力波形　　　　(b) ベクトル図

図 3.22　有効横流

回路で示したように $\dot{I}_C$ は $\dot{E}_{02}$ と逆向きに定義しているので，$\dot{I}_C$ は $\dot{E}_{02}$ より $\pi - \delta/2$ [rad] 遅れの遅れ電流といえる。

有効横流によって1号発電機に発生する電力を P_1，2号発電機に発生する電力を P_2 とすると，それぞれの電力は次のように表される。

$$P_1 = E_{01} I_C \cos\left(-\frac{\delta}{2}\right) \ [\text{W}] \tag{3.18}$$

$$P_2 = E_{02} I_C \cos-\left(\pi - \frac{\delta}{2}\right) = -E_{02} I_C \cos\left(-\frac{\delta}{2}\right) \ [\text{W}] \tag{3.19}$$

ここで，各発電機起電力は同じであり $E_{01} = E_{02}$ なので，有効横流によって発生する各電力は $P_1 = -P_2$ になる。つまり，有効横流によって，1号発電機から2号発電機へ電力が供給されていることがわかる。したがって，1号発電機は負荷が増加するので回転速度が低下し，2号発電機は負荷が低減されるので回転速度が上昇する。

その結果，1号発電機では回転速度低下により e_{01} の位相が遅れ，2号発電機では回転速度上昇により e_{02} の位相が進むので，両発電機間の位相差が小さくなるように作用する。この作用を同期化力（Synchronizing Power）と呼び，これにより，両機の起電力 e_{01} と e_{02} は再び同相に戻る❶。

この原理を利用すると，起電力の位相をずらすことで両発電機の負荷が変更される。つまり，ガバナで発電機原動機の回転数を調整すれば，位相がずれるので，両発電機間の負荷分担，負荷移行（3.4節参照）が可能になる。

◆ 起電力の周波数が異なる場合

急激な負荷変動など何らかの理由により，並行運転中に 1 台の発電機起電力の周波数が変化した場合，図 3.23 のように各機電圧の位相が一致しなくなり，起電力差が生じる。このとき，起電力が高いほうの発電機から低いほうの発電機に循環電流が流れ，同期化する作用が働く。

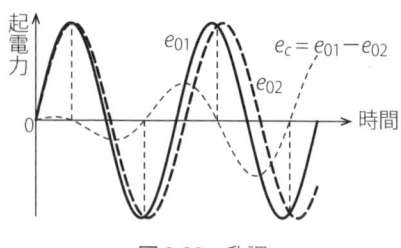

図 3.23　乱調

船舶の場合，発電機原動機のガバナ調整が敏感すぎると，発電機原動機の回転速度の増速・減速を周期的に繰り返す現象が生じる。この現象を**乱調**（Hunting）と呼ぶ。また，回転部の慣性力によって容易に回転速度を変化できず，タイムラグが生じた結果，同期化できずに原動機の回転速度が定まらない現象が生じ，乱調が発生する❸。

乱調により，起電力周波数が発電機固有振動数に近づくと，振幅が拡大されて同期外れを起こし，並行運転が不能に陥る。ただし，定格周波数の数%以下の乱調であれば，大きな悪影響はないため問題にしなくてよい。

一般的に乱調を防止するために，乱調防止用制動巻線が設けられている。これは，誘導電動機のかご形コイル（CHAPTER 4 参照）のような巻線である。同期速度で回転している場合には，電機子による回転磁界の磁束変化がなく起電力は生じないが，すべり（CHAPTER 4 参照）が生じた場合には磁束変化が生じるため，すべり周波数（CHAPTER 4 参照）の電流が制動巻線に流れる。これにより電磁力が発生し，制動力が働き乱調を抑制することができる❶。

◆ 起電力の波形が異なる場合

実際には，発電機で波形はつねに正弦波形が出力されるように設計されている。しかし，仮に波形が異なるならば，それは起電力の各瞬時値が異なることと同義であり，無効横流が流れる。さらに，発電機内部で電機子抵抗による抵

抗損を生じさせるので，電機子巻線を加熱させる原因となる❶。

3.5 同期発電機の保守

電気機器を使用する際には，トラブルを未然に防ぐ目的から日常の保守点検が重要であり，安全かつ経済的な運転を維持するためにも，定期的な保守点検整備が必要である。同期発電機においても同様であり，トラブルの早期発見，高寿命化を図るために必要不可欠な保守作業項目，および故障原因とその対策について述べる。

最近の船舶では，ブラシレス発電機が一般的に用いられており，航海中に必要な保守・整備項目は少なくなってきている。これは，ブラシレス発電機が全閉構造にできることが大きな利点となり，故障原因が減少したためである。また，保守点検作業は，基本的に停止中の発電機について行うため，複数台設置されている発電機のなかの予備機について行う。ここでは，ブラシレス発電機の保守に加えて，ブラシのある発電機の保守内容についても述べる。

(1) 一般的な保守

トラブルを早期発見するために，見回りや定期的な各部計測，拭き取り作業を行う。見回りでは，燃料油，潤滑油，清水，排気ガスなどの系統から漏洩がないか確認するとともに，異常な振動や異音がないか注意を払う。また，各部温度，圧力，電圧，電流，電力，力率が運転許容範囲内に収まっているか計測する（ただし，温度と圧力は発電機の原動機部分）。拭き取り作業時には，締め付けボルトやナットの緩みがないか，あるいは破損はないかも確認する。

(2) 発電機内部（固定子枠内）の保守

機関室内は，高温多湿な上に埃が舞っており，潤滑油や燃料油が噴霧状に飛散していることがある。これにより，発電機内にこれらの不要物が入り込んでくることがある。これを放置しておくと，絶縁が低下したり，巻線が短絡す

るといった不具合が生じる。そのため，以下の点について保守点検を行う。
　① 発電機内は停止中にスペースヒータで除湿し，埃や不要な油分はよく掃除しておく。
　② 絶縁抵抗は定期的に計測し，機器の絶縁状態を把握しておく。
　③ 電機子巻線，界磁巻線が膨張したり，変形していないか確認する。

(3) 軸受部の保守

　界磁から漏れた漏れ磁束が回転軸に作用して起電力を発生する場合がある。このとき，軸と軸受部の間の電位差が生じ放電が発生すると，油膜による絶縁が破壊され，回転軸から発電機台板へと電流が流れてしまう。この電流を軸電流（Shaft Current）と呼ぶ❷❸。これにより，軸受部がジュール加熱によって焼損するおそれがある。また，軸受部に異常があると，発電機の起電力低下など種々の問題を引き起こす❷。そのため，以下の点について保守点検を行う❷。基本的に軸電流の発生防止のために，軸受と取り付け台の間には絶縁物を挿入する❷。
　① 軸受温度を定期的に計測し，温度上昇に注意する。
　② 軸受部の潤滑油量，潤滑油の汚れを定期的に点検する。
　③ ベアリングに異常がないか，軸受部の音の異常に気をつける。
　④ 軸電圧をモニタリングする。

(4) エアギャップの保持

　固定子と回転子の隙間をエアギャップといい，エアギャップが広いほど漏れ磁束が大きくなり起電力の低下を招き，狭いと振動などによって固定子と回転子が接触してしまい故障の原因となる。そこで，設計時には最適なエアギャップが設定されている。しかし，船舶のように揺れなどによって発電機が振動してしまい，エアギャップが均一でなくなる場合がある。エアギャップが不均一になると，三相の電機子巻線で起電力が異なって各機器への供給電圧が変化し，

機器の寿命を短くしてしまう。また，極端に不均一になった場合には，固定子と回転子が接触し破損する。そこで，保守点検として，隙間ゲージを用いてエアギャップを測定する。測定箇所は上下左右の4箇所とし，均一を確認する。

(5) ブラシとスリップリングの保守（ブラシのある発電機のみ）

ブラシとスリップリングは，適度の圧力で接触するように設置されている。スリップリングは回転軸に取り付けられており，ブラシとスリップリングは摺動部となるので，摩擦によって熱が発生する。さらに，ブラシは削れるように設計されているため，交換が必要である。ブラシとスリップリングが正常に接触していない場合には，起電力が発生しなかったり，火花が散って火災の原因になるおそれがある。そこで，以下の点について保守点検を行う。

① ブラシとスリップリングから火花が散っていないか確認する。
② ブラシの削れた粉や油分，ごみが付着していないか確認する。
③ ブラシ保持器からブラシが十分に出ていることを確認し，ブラシは定期的に交換する。

(6) 故障原因と対処法

同期発電機において，故障しやすい箇所はブラシとスリップリングの摺動部分である。したがって，ブラシレス発電機では摺動による接触抵抗がないため，故障しにくく，メンテナンスが容易になる。同期発電機の故障原因とその対処法を表3.1に示す。

表 3.1　故障原因と対処法

故障の状態	原因	対処法
発電機電圧が変動する	① ガバナの不良	原動機のガバナを調整
	② 自動電圧調整器（AVR）の不良	AVRを点検し，調整
	③ 励磁装置の不良	結線緩みがないか確認
		取扱説明書に記載されている点検方法を実施
起電力が発生しない	① 界磁巻線または電機子巻線の断線	巻線を手直しで，巻き直す
	② 自動電圧調整器（AVR）の不良	AVRを点検し，調整
	③ 励磁装置の不良	取扱説明書に記載されている点検方法を実施
	(④ スリップリングとブラシの接触不良)	接触するように調整
発電機の過熱	① 過負荷	定格負荷まで，負荷を減らす
	② 機関室内温度が高い	機関室の換気を行い，温度を下げる
	③ 絶縁低下	界磁巻線，電機子巻線に付着している埃や油分を拭き取る
		20年以上使用した場合には，寿命なので巻線を新替え
	④ 異常振動による巻線の破損	振動原因を追究し，異常振動を停止させる
	⑤ 通風ダクトの詰まり	ダクトの分解清掃
	⑥ 漏水	漏水を止め，場合によっては吸湿剤を用いる
火花の発生	① 端子部分の緩み	増し締めして緩みをなくす
	② 異常電圧による放電	異常電圧の原因を追究
	(③ スリップリングとブラシの接触不良)	ブラシが摩耗していれば交換
		ブラシ圧力の確認
		スリップリングの変形があれば，研磨，調整

CHAPTER 4

誘導電動機

　誘導電動機には，動力用として最も広く利用されている**三相誘導電動機**（Three Phase Induction Motor）や，家電製品などの小動力用として利用される**単相誘導電動機**（Single Phase Induction Motor）などがある。誘導電動機の特徴は，構造が簡単であるため故障が少なく丈夫であること，また，価格が安く，取り扱いが容易であることなどが挙げられる。船舶の補機の動力用として使用される（図 4.1）のはもちろんのこと，工場などにおける大動力用として，またポンプや工作機械の主軸などの中小の動力用として広く使用されている。この章では，誘導電動機の構造，原理，特性，運転，保守について学ぶ。

図 4.1　船舶において利用されている誘導電動機

4.1 三相誘導電動機の種類と構造

　図 4.2 に，かご形誘導電動機を例として主要部分を示す。三相誘導電動機は，回転磁界を作るために三相巻線を施した**固定子**（Stator）と，**回転磁界**（4.2 節で学ぶ）によって回転力を発生する**回転子**（Rotor）からなり，回転子の構造によって**かご形誘導電動機**（Squirrel Induction Motor）と**巻線形誘導電動機**（Wound Rotor Induction Motor）に大別される。さらに，かご形誘導電動機は，普通かご形と特殊かご形に分類できる。図 4.3 に，巻線形誘導電動機の回転子の概略図を示す。

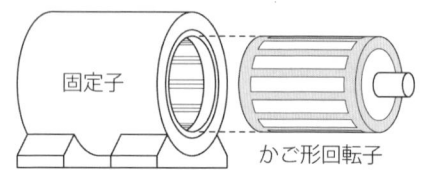

図 4.2　三相誘導電動機の主要部分

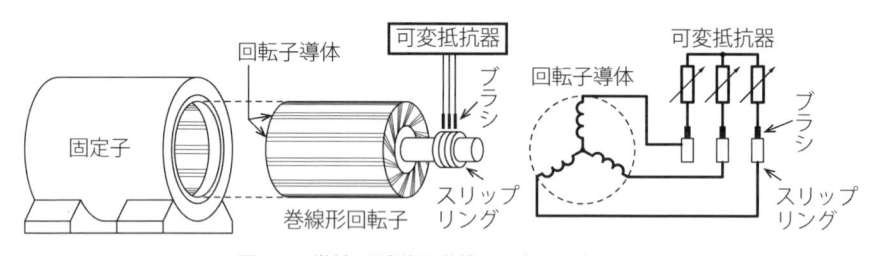

図 4.3　巻線形誘導電動機の回転子の概略図

（1）　固定子

　固定子は，**固定子鉄心**（Stator Core），**固定子巻線**（Stator Winding），固定子枠からできている。図 4.4 に，固定子鉄心と固定子巻線の例を示す。固定子鉄心は固定子巻線を施して磁気回路を作る鉄心で，鉄心材料には厚さ 0.35～0.5 mm のケイ素含有率 2～3% の電磁鋼板が用いられ，これを必要なだけ積み重ねて成層する（2.2

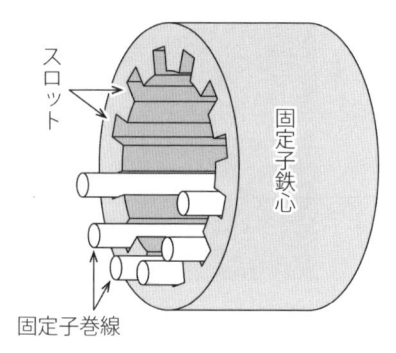

図 4.4　固定子鉄心と固定子巻線

節参照）。小型のものは円形，大型のものは扇形に打ち抜いて作る。固定子巻線を収めるスロットは，図 4.5 のような，開放スロットと半閉スロットがある。これを固定子枠で保持する。固定子枠は，鋳鉄または軟鋼板からできており，固定子鉄心を支え，両側に軸受を設けて回転子を支えている。固定子巻線は，三相交流を通電して回転磁界を作るもので，図 4.6(a) のように，亀甲型に巻くのが普通である。鉄心と巻線は，十分に絶縁する必要がある。その層間絶縁のための絶縁材料は，小型の小電力用の場合は，ホルマールフィルムやポリエステルフィルムを使用した丸銅線が用いられ，大型の大電力用の場合には，ガラスクロスを使用した平角銅線が用いられる。スロットのなかの巻線は，くさびを入れてしっかり固定し，動かないようにしている（図 4.6(b)）。

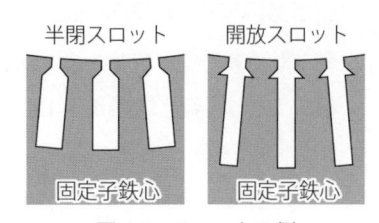

図 4.5　スロットの例

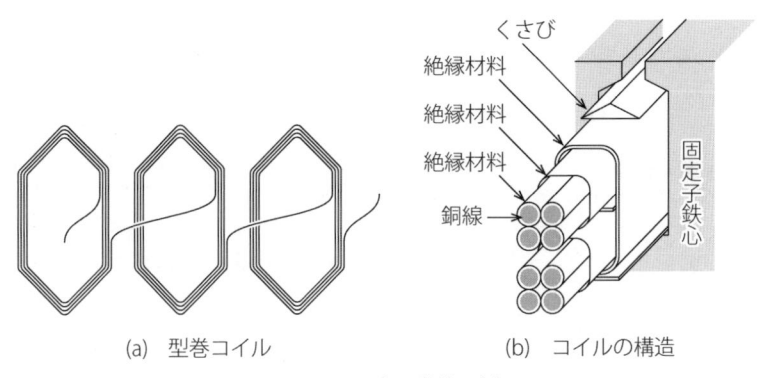

(a) 型巻コイル　　(b) コイルの構造

図 4.6　固定子巻線の例

（2）回転子

　回転子は，**回転子鉄心**，**回転子導体**，軸からできており，巻線形誘導電動機の場合には**スリップリング**（Slip Ring）がある（図 4.3 参照）。図 4.7 にかご形回転子の例を示す。

かご形回転子は，絶縁しない棒状の導体を差し込み，その両端を太い銅環で短絡する。この銅環を**端絡環**（End Ring）という。回転子鉄心は固定子の場合と同様にケイ素鋼板を円筒形に成層して作る。図 4.8 のような**スロット**があり，形状や収める導体によって，普通かご形や，特殊かご形の二重かご形や深溝かご形に分けられる（4.6 節参照）。回転子スロット数と固定子スロット数が適当でないと，それぞれのスロット位置によってギャップ起磁力の分布が高調波を含み，基本波によるトルクと，高調波によるトルクとが合成され，トルクの谷間が生じる。そのトルクの谷が必要なトルクより小さいと，始動しない，ある速度以上に上昇しないという問題が生じる。この現象を**クローリング**（Crawling）という。対策として，回転子スロットを，固定子スロットの一間隔分ずらして斜めに配置する斜めスロットとする（図 4.9）。始動特性が良くなり，騒音が減少するが，負荷時に軸方向に推力が発生するという欠点もある❶。15kW 以下の誘導電動機で大量生産の場合，純度の高いアルミニウムをスロットに加圧して鋳込むダイカスト製法で作られる。この場合は端絡環も通風羽根も同時に成形する。**ダイカスト回転子**（Die Casting Rotor）という。

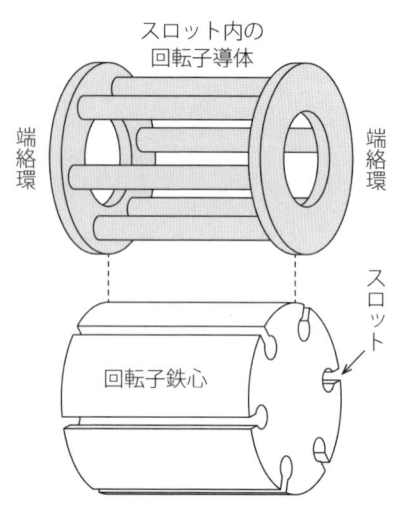

図 4.7　かご形回転子導体

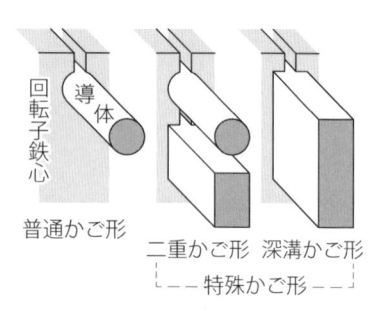

図 4.8　回転子スロットの例

図 4.9　斜めスロットかご形回転子

120

巻線形回転子（Wound Rotor）は，固定子の場合と同様に成層鉄心に絶縁された導体を用いて，固定子が作る磁極と同じ数の磁極を作るように三相巻線を施したものである。コイルは，運転時に遠心力で変形しないようにバインド（拘束）する。巻線には波巻が多く用いられる。回転子巻線の各層のコイル端はスリップリングに接続されており，ブラシを通して外部の可変抵抗器（始動抵抗や速度制御用抵抗器）などに接続されている。これにより，始動特性を改善したり速度制御をしたりすることができる。速度制御を行わない場合は，ブラシを引き上げると同時にスリップリングを短絡する装置が付いている。スリップリングの材質は砲金（Gunmetal，銅すず亜鉛合金）のものが多い。巻線形回転子を持つ誘導電動機は，比較的大容量用途に用いられる。これらの回転子の軸は炭素鋼を用いて作られている。

4.2 三相誘導電動機の原理

(1) 回転の原理

図 4.10(a)のように，非磁性の導体円板の中央に軸を取り付けて軽く回るようにし，U字形磁石で挟み，磁石を矢印の向きに動かすと，フレミングの右手の法則（1.2(5)項参照）により矢印の方向にうず電流が流れる。このうず電流と磁石との間には，フレミングの左手の法則（1.2(4)項参照）による方向に回

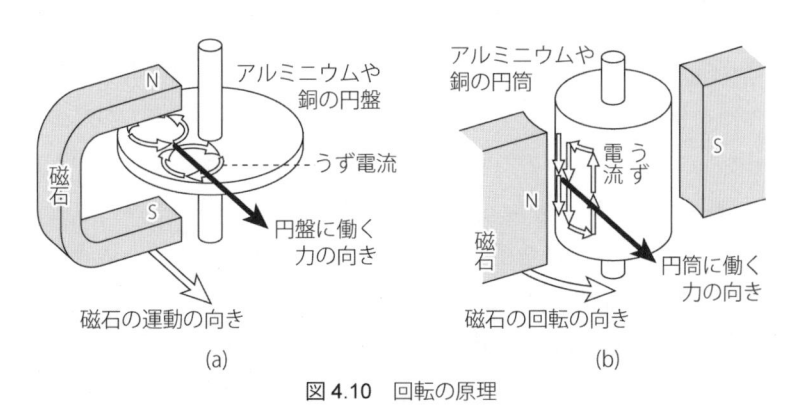

図4.10　回転の原理

転力を生じ，磁石に反応しないはずの非磁性の円板が矢印の方向に回転する。これを**アラゴの円板**といい，数学者，物理学者，天文学者，政治家と多様な業績を残した，フランソワ・ジャン・ドミニク・アラゴ（フランス）（1786～1853）が1824年に発見した。さらに，図4.10(b)のように非磁性の導体で作られた円筒の外側で磁石を回転させることでも同様の現象が生じる。磁石を回転させると，円筒の導体の周りで磁束が動くから，導体に起電力が誘導されて，うず電流が流れる。この電流と磁束との間に力が働き，円筒の軸は磁石と同じ向きに回転する。これが誘導電動機の基本的な回転原理である。実際には，図4.10(b)のような永久磁石を回すのではなく，三相交流による回転磁界（4.2(2)項参照）を利用する。また，1個の導体では，連続して回転力が発生しないので，多数の導体を並べて鉄心に収める。

(2) 回転磁界の原理

回転磁界を作るには図4.11(a)に示すように，aa'，bb'，cc'の3つのコイルを互いに$2/3\pi$[rad]ずつずらして配置する。それぞれのコイルに三相交流を通電すると，各時刻において生じる合成磁界の向きは図4.11(b)のようになる。各瞬間の時刻で合成磁界の向きが回転している様子がわかる。回転子が回転するためには，導体に電流が流れてトルクが発生していなければならない。電流が流れるためには，誘導起電力が回転子に発生していなければならないので，回転子導体の前を磁極が通り過ぎる必要がある。図4.12に，回転磁界と回転子導体との関係を表す。磁極を図4.12(a)で示した方向に回転させると，磁極の前にある導体にはフレミングの右手の法則に従って誘導起電力が発生する。導体を短絡しておくと，この誘導起電力によって電流が流れる。このとき，図4.12(b)で表せるように，フレミングの左手の法則に従い，磁界と電流との間に働く力によってトルクが発生し，導体は磁界の回転方向と同じ向きに回転する。磁極と回転子が同じ速さで回っている場合を同期状態といい，ある回転子導体にいつも同じ磁極があるため誘導起電力が発生せずトルクも発生しない。

したがって，回転子の回転速度を n [min^{-1}]，磁極の回転磁界の回転速度を n_s [min^{-1}] とすると，トルクが発生して回るためには $n < n_s$ となる必要がある。

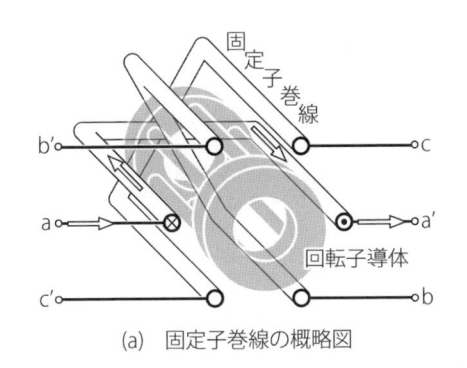

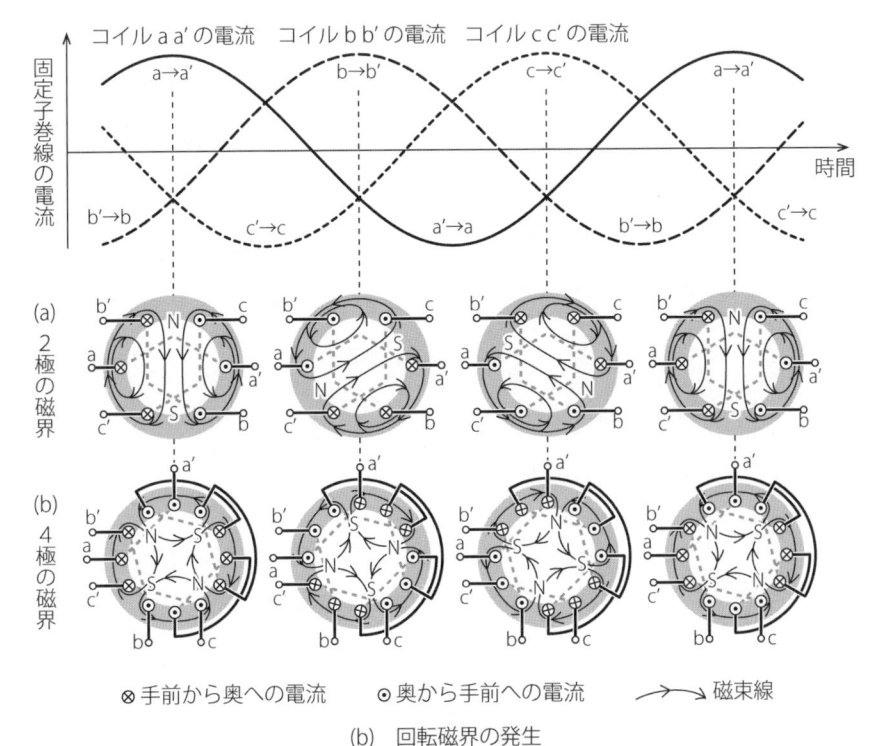

(a) 固定子巻線の概略図

(b) 回転磁界の発生

図4.11 回転磁界について

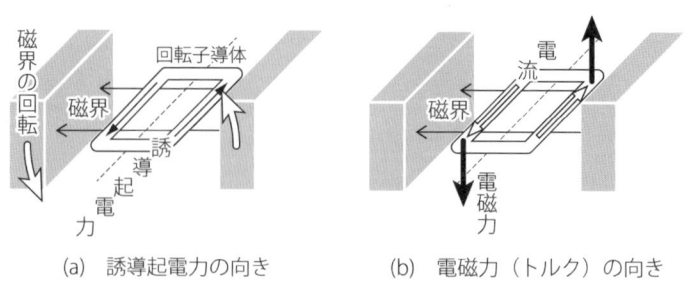

(a) 誘導起電力の向き　　　(b) 電磁力（トルク）の向き

図 4.12　回転子導体に働く力

4.3　三相誘導電動機の理論

(1) 同期速度

回転磁界の原理において示した図 4.11 で，4 極の磁極を持っている場合，三相交流は 1 周期の間に 1/2 回転することがわかる。一般に p 極の場合には $2/p$ 回転する。ここで，交流の周波数を f[Hz]，磁極数を p とすると，回転磁界の回転速度 n_s[min^{-1}] は次の式で表される。

$$n_s = \frac{2f}{p} \ [\text{s}^{-1}] \quad \text{あるいは} \quad n_s = \frac{120f}{p} \ [\text{min}^{-1}] \tag{4.1}$$

これを，**同期速度**（Synchronous Speed）という❸。

(2) 滑り

回転子は n_s より遅い速度 n で回転する必要がある。実際の回転速度と同期速度の差を**滑り**（Slip）s といい，次の式で表される。

$$s = \frac{n_s - n}{n_s} \tag{4.2}$$

一般に滑りは，回転子が停止しているとき（$n=0$）を 100% として百分率で表

す場合が多いが，計算上 $s=1$ をそのまま用いる。定格出力時（全負荷）における滑り s の値は，小容量のもので 5～10％，中容量のもので 2.5～5％ 程度である❸。また，滑り s を用いると

$$n_s - n = sn_s \quad \text{または} \quad n = (1-s)n_s \tag{4.3}$$

となる。sn_s は**滑り速度**といわれ，導体に対してどのくらい進んでいるかを示す速度であり，磁極が回転子導体を切る速度である。

(3) 誘導起電力

　固定子巻線に励磁電流が流れると回転磁界が生じる。この回転磁界が回転子巻線を切るので，起電力が誘導され，回転子巻線に電流が流れる。この電流によって生じる起磁力を打ち消すように固定子巻線に電流が流れ，エアギャップの磁束を一定に保つ。ここで，エアギャップは回転子鉄心と固定子鉄心間の隙間をいうが，一般に，磁気抵抗を少なくするため，できる限り小さいほうがよく，大きい場合には，無負荷電流が大きくなり，力率が低下するといった不具合がある❷。一方で，適当なギャップを設けないと，運転時の熱膨張で回転子と固定子が接触する可能性があるため，機械的な組立精度でギャップの大きさが決まる。

　誘導電動機の電圧，電流の関係は，固定子巻線を一次巻線，回転子巻線を二次巻線と考えれば，変圧器の場合と同様に取り扱うことができる。変圧器は一次側から二次側に電力を伝達するだけであるが，誘導電動機は電力伝達の後，機械的な動力（回転力）に変換する。回転磁界と回転子の相対速度によって回転子の誘導起電力や周波数が異なる。

◆回転子が停止しているとき

　$s=1$ のときであり，変圧器においては二次側を短絡した状態に相当する。一次巻線に生じる回転磁界の速度で二次巻線を切るので，変圧器と同じように，

一次巻線，二次巻線の各相には

$$E_1 = 4.44 N_1 f_1 \Phi \quad [\text{V}] \quad \text{一次誘導起電力} \tag{4.4}$$

$$E_2 = 4.44 N_2 f_2 \Phi \quad [\text{V}] \quad \text{二次誘導起電力} \tag{4.5}$$

を生じる。ここで，N_1，N_2 は一次巻線，二次巻線の各一相の巻き数である。

◆回転子が滑り s で回転しているとき

回転磁界と回転子の相対速度は $n_s - n = s n_s$ であり，回転子が停止しているときの s 倍である。また，二次周波数 f_2 は，一次周波数 f_1 の s 倍となり，$f_2 = s f_1$ となり，これを**滑り周波数**（Slip Frequency）という。また，運転中の二次巻線の誘導起電力 $E_2{}'$ も $E_2{}' = s E_2$ となる。

(4) 二次電流

回転子巻線の一相分の回路（二次回路）を考える。巻線の抵抗を $r_2 [\Omega]$，漏れリアクタンスを $x_2 [\Omega]$ とすると，滑り s で回転している誘導電動機の二次誘導起電力は $sE_2 [\text{V}]$，漏れリアクタンスは $sx_2 [\Omega]$ となり，図 4.13(a) のような回路となる。回路図より，二次電流 $I_2 [\text{A}]$ は次の式で表される。

$$I_2 = \frac{sE_2}{\sqrt{r_2^2 + (sx_2)^2}} \quad [\text{A}] \tag{4.6}$$

この式の分母分子を s で割ると，次のように変形できる。

$$I_2 = \frac{E_2}{\sqrt{\left(\dfrac{r_2}{s}\right)^2 + x_2^2}} \quad [\text{A}] \tag{4.7}$$

回転子が停止しているときの回転子巻線抵抗は $r_2 [\Omega]$ であったが，回転することで $r_2/s [\Omega]$ となった。この変化分 $r = \dfrac{r_2}{s} - r_2 = \left(\dfrac{1-s}{s}\right) r_2$ が誘導電動機の負

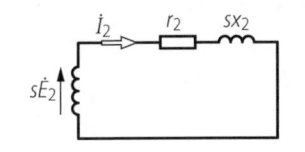

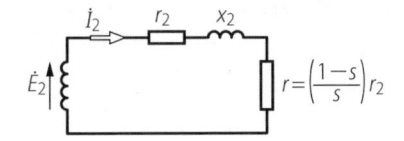

(a) 滑り s で回転中の二次回路 (b) 二次巻線抵抗 r_2/s を r_2 と負荷抵抗 r で表した二次回路

図 4.13　回転子に流れる二次電流（一相分）

荷抵抗 r [Ω] として挿入されたものと考えられる．これが変圧器の負荷抵抗に相当するものであり，誘導電動機では機械動力を代表する等価抵抗を表す．これを回路図で表したものが図 4.13(b) である．

(5) 一次電流

二次電流 I_2 [A] が流れると，I_2 [A] による回転磁界が生じ，一次側の回転磁界を打ち消すように作用してしまう．そのために，一次側に生じる電圧が減少し，一次負荷電流 I_1' [A] が流れる．一次巻線と二次巻線の**巻数比**（Turn Ratio）を a とすると，次の式で表す関係となる．

$$I_1' = \frac{I_2}{a} \quad [\text{A}] \tag{4.8}$$

一次電流は $\dot{I}_1 = \dot{I}_0 + \dot{I}_1'$ [A] であり，一次巻線に流れる励磁電流 $\dot{I}_0$ [A] と一次負荷電流 $\dot{I}_1'$ [A] とのベクトルの和である．

(6) 諸量の計算（等価回路）と効率

回転子が滑り s で回転しているときの一相分の誘導電動機の回路を考える．一相分の二次入力（回転子入力）を P_2' [W]，二次銅損を P_{c2}' [W]，二次出力（機械出力）を P_g' [W] とすると次の関係となる．

$$P_2' = I_2^2 \frac{r_2}{s} = \frac{P_{c2}'}{s} \quad [\text{W}] \tag{4.9}$$

$$P'_g = P'_2 - P'_{c2} = P'_2 - sP'_2 = (1-s)P'_2 \quad [\text{W}] \tag{4.10}$$

さらに

$$P'_g = I_2^2 \frac{r_2}{s} - I_2^2 r_2 = I_2^2 r_2 \left(\frac{1-s}{s}\right) = I_2^2 r \quad [\text{W}] \tag{4.11}$$

ここで，誘導電動機の負荷抵抗 $r\,[\Omega]$ を用いた等価回路（Simplicity Equivalent Circuit）を図 4.14(a)に示す．図 4.14(a)の二次側の諸量を一次側に換算すると

一次側に換算した二次側電圧 $\quad V'_{12} = E_1 = aE_2 \quad [\text{V}] \tag{4.12}$

一次側に換算した二次側電流 $\quad I'_{12} = I'_1 = \dfrac{I_2}{a} \quad [\text{A}] \tag{4.13}$

一次側に換算した二次側インピーダンス $\quad Z'_{12} = \dfrac{V'_{12}}{I'_{12}} = a^2 Z_2 \quad [\Omega] \tag{4.14}$

となり，図 4.14(a)は図 4.14(b)の回路で表すことができる．固定子と回転子のエアギャップが大きくなると，滑りが大きくなり，負荷抵抗 $r\,[\Omega]$ が小さくなることがわかる．つまり，無効電流（無負荷電流）が大きくなり，力率が小さくなる．さらに，図 4.14(b)の励磁回路を電源側に移動させると図 4.15 のような回路となり，計算が簡単になるので，この簡易等価回路を用いて諸量を求める．この簡易等価回路は一相分を表しているから，三相回路の計算を行う場合は，一相分の値の 3 倍とする．少しややこしいが，計算の際には，一相分を考えているのか三相分を考えているのか注意する必要がある．図 4.15 を用いて，V_1 は一次電圧，θ_1 は $\dot{V}_1$ と $\dot{I}_1$ の位相差として，三相誘導電動機の三相分の諸量を求めると

一次負荷電流 $\quad I'_1 = \dfrac{V_1}{\sqrt{\left(r_1 + \dfrac{r'_2}{s}\right)^2 + (x_1 + x'_2)^2}} \quad [\text{A}] \tag{4.15}$

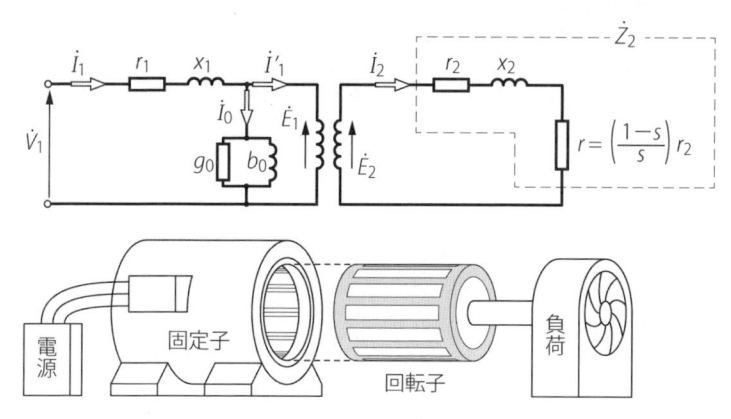

(a) 滑り s で回転中の誘導電動機の等価回路

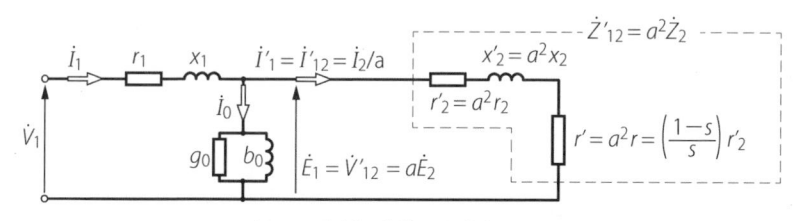

(b) 一次側に換算した等価回路

図 4.14　一相分の等価回路

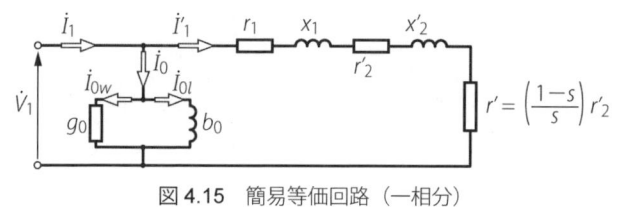

図 4.15　簡易等価回路（一相分）

励磁電流　$\dot{I}_0 = V_1\sqrt{g_0^2 + b_0^2}$　[A] (4.16)

一次電流　$\dot{I}_1 = \dot{I}_0 + \dot{I}_1'$　[A] (4.17)

一次鉄損　$P_i = 3V_1 I_{0w} = 3V_1^2 g_0$　[W] (4.18)

$$\text{一次銅損} \quad P_{c1} = 3I_1'^2 r_1 \quad [\text{W}] \tag{4.19}$$

$$\text{一次入力} \quad P_1 = P_i + P_{c1} + P_{c2} + P_g = 3V_1 I_1 \cos\theta_1 \quad [\text{W}] \tag{4.20}$$

$$\text{二次銅損} \quad P_{c2} = 3I_1'^2 r_2' \quad [\text{W}] \tag{4.21}$$

$$\text{二次入力（一次出力）} \quad P_2 = P_1 - P_{c1} - P_i = 3I_1'^2 \frac{r_2'}{s} \quad [\text{W}] \tag{4.22}$$

$$\text{二次出力（発生動力）} \quad P_g = 3I_1'^2 r' = 3I_1'^2 \left(\frac{1-s}{s}\right) r_2' = (1-s)P_2 \quad [\text{W}] \tag{4.23}$$

となり，機械損 P_m[W]を含む回転子の出力として発生動力を表す。機械損には，回転子の回転で生じる空気抵抗による風損，軸と軸受，ブラシとスリップリングによる摩擦などによる摩擦損があり，発生動力から機械損を引いたものが電動機の出力 $P = P_g - P_m$[W]となる。また，P_2, P_{c2}, P_g の関係は次のようになる。

$$P_2 : P_{c2} : P_g = P_2 : sP_2 : (1-s)P_2 = 1 : s : (1-s) \tag{4.24}$$

$$s = \frac{P_{c2}}{P_2}, \quad \eta_2 = \frac{P_g}{P_2} = 1 - s, \quad \eta = \frac{P}{P_1} \tag{4.25}$$

η_2 を回転子効率（Rotor Efficiency）または二次効率といい，η は電動機効率という。図 4.16 は，三相誘導電動機に供給される三相電力が動力に変換される過程を一相分の等価回路を用いて表現したものである。

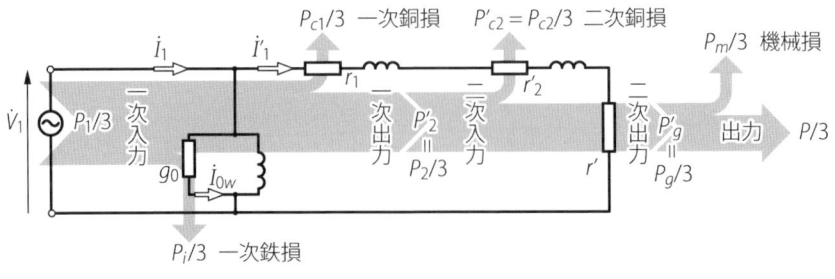

図 4.16 電力変換の過程（一相分）

効率を求める場合には，このように計算をして求める規約効率と，直接計測して求める実測効率がある。

(7) 損失

このように，電動機に電力を与えてもすべてが動力に変換される訳ではなく，**損失**（Loss）として消費される。損失をまとめると表 4.1 のように表せる。これらの損失の大部分は熱となり，電動機の温度を上昇させる。

表 4.1　損失の分類

損失	無負荷損	鉄損	ヒステリシス損＋うず電流損
		機械損	摩擦損（軸と軸受，ブラシなど）
			風損（回転子の空気抵抗）
	負荷損	直接負荷損	一次巻線の抵抗損（一次銅損）
			二次巻線の抵抗損（二次銅損）
			ブラシの電気損（接触抵抗損など）
		漂遊負荷損	その他の損失

4.4　三相誘導電動機の特性

(1) 速度特性

三相誘導電動機の回転速度は，負荷によって変化するが，図 4.17(a)に示すように，無負荷時と全負荷時との回転速度の差は大きくない。また，理論で述

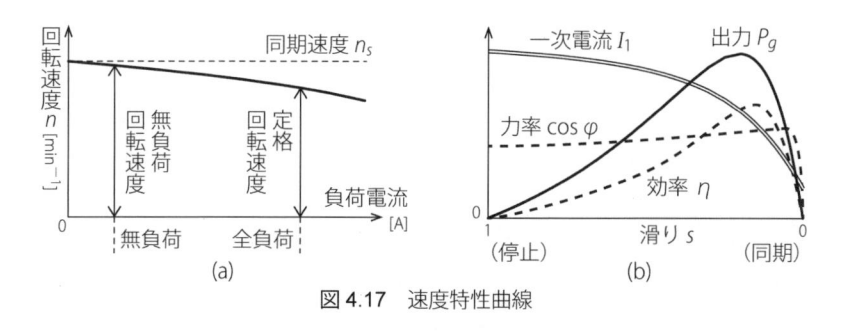

図 4.17　速度特性曲線

べたように，一次電流，二次電流，力率，効率などは，滑り s の関数として表すことができる。一次電圧を一定に保ち，滑り s によってこれらの諸量がどのように変化するかを示したものが図 4.17(b)であり，これを**速度特性曲線**（Speed Characteristic Curve）という。

(2) トルク特性

電動機のトルク（Torque）を $T[\text{N·m}]$，角速度を $\omega[\text{rad/s}]$，回転速度を $n[\text{min}^{-1}]$ とすると，二次出力（発生動力）$P_g[\text{W}]$ は次の式で表される。

$$P_g = \omega T = 2\pi \frac{n}{60} T \quad [\text{W}] \tag{4.26}$$

$$T = \frac{60}{2\pi} \frac{P_g}{n} \quad [\text{N·m}] \tag{4.27}$$

これに，$P_g=(1-s)P_2$，$n=(1-s)n_s$ を代入すると

$$P_2 = 2\pi \frac{n_s}{60} T \quad [\text{W}] \tag{4.28}$$

となる。式(4.28)は，誘導電動機が同じトルク $T[\text{N·m}]$ で，回転数が同期速度になったと考えた場合に，二次出力（発生動力）$P_g[\text{W}]$ が二次入力 $P_2[\text{W}]$ に等しいことを表している。これを同期ワット（Synchronous Watt）という。式(4.28)に $n_s=120f/p$ を代入して変形すると

$$T = \frac{p}{4\pi f} P_2 = KP_2 \quad [\text{N·m}] \tag{4.29}$$

となる。この式(4.29)より，トルク $T[\text{N·m}]$ は二次入力 $P_2[\text{W}]$ に比例する。また，式(4.29)に一次負荷電流の式(4.15)と二次入力の式(4.22)を代入すると，次の式のようになる。

CHAPTER 4　誘導電動機

$$T = K \frac{V_1^2 \frac{r_2'}{s}}{\left(r_1 + \frac{r_2'}{s}\right)^2 + (x_1 + x_2')^2} \quad [\text{N} \cdot \text{m}] \tag{4.30}$$

　r_1, r_2', x_1, x_2' は定数であるため，トルク T は滑り s が一定であれば，**一次電圧** $V_1[\text{V}]$ **の2乗に比例する**❷。ここで，滑り s とトルク T の関係を示すと図4.18のような曲線となる。この曲線を**トルク速度曲線**（Torque Speed Curve）という。図において，$s=1$ のときのトルクを始動トルク T_s（Starting Torque）といい，式(4.30)から

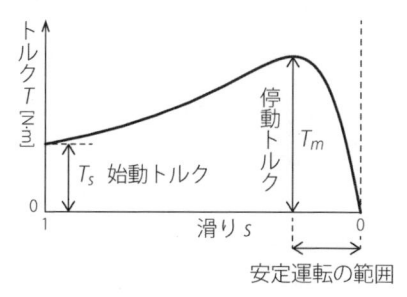

図4.18　トルク速度曲線
　　　　（滑り-トルク曲線）

$$T_s = K \frac{V_1^2 r_2'}{(r_1 + r_2')^2 + (x_1 + x_2')^2} \quad [\text{N} \cdot \text{m}] \tag{4.31}$$

で表される。図4.18に示すように，T_s から**最大トルク** T_m（Maximum Torque）までは，s に反比例してゆるやかに増加する。それを過ぎると急激にトルクは減少し，$s=0$ で $T=0$ になる。ここで，最大トルク T_m は，これ以上のトルクがかかると誘導電動機の回転速度が落ち停止するので，**停動トルク**（Stalling Torque）とも呼ばれる❸。運転時は，T_m の大きさを超えない状態で，T_m から $s=0$ の範囲で運転することが安定運転の条件となる❷。負荷が増えると，滑りも増して速度が低下し，負荷が減ると速度が上昇する。したがって，この範囲では負荷の増減に対して，誘導電動機のトルクも同様に変化して負荷と平衡する❶❷。

(3)　出力特性

　誘導電動機に負荷をかけた場合の出力の変化に対して，回転速度，トルク，電流，力率，効率などが，どのように変化するかを示す曲線を，**出力特性曲線**（Output Characteristic Curve）という。図4.19は出力特性曲線の例である。図

133

からもわかるように，誘導電動機は出力の変化に対して回転速度の変化が少なく，ほぼ定速度特性である。力率は，無効電流が大きいため変圧器に比べて悪い。また，力率は全負荷付近で最も良く，軽負荷においては，一次電流に占める励磁電流の割合が大きくなるため低下する。したがって，過負荷や軽負荷で運転することは不適当である❷。

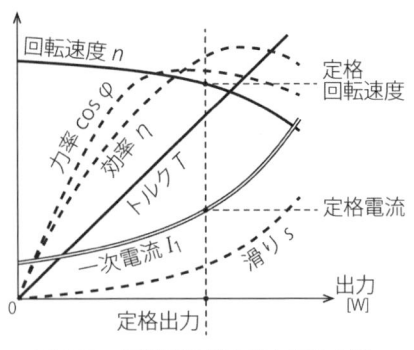

図 4.19　誘導電動機の出力特性曲線

効率は出力の 75% 付近が最も良く，力率や効率が最大となる付近で定格出力が得られるようにする。

(4) 比例推移

電動機のトルクは，式(4.30)より，V_1, r_1, x_1, x'_2 の値が一定であり r'_2/s の値が変わらなければ，トルク T の値も変わらない。ここで，二次巻線抵抗 r'_2 [Ω] の巻線形誘導電動機が滑り s で運転されているときのトルクを T [N·m] とし，この二次回路にスリップリングを介して外部抵抗 R [Ω] を接続し $R_2 = r'_2 + R$ とする。二次合成抵抗 R_2 [Ω] を r'_2 の m 倍にしたとき，滑りも m 倍になる。この関係を表すと

$$\frac{R_2}{ms} = \frac{r'_2 + R}{ms} = \frac{mr'_2}{ms} = \frac{r'_2}{s} \tag{4.32}$$

となるので，同じトルク T [N·m] となる。二次合成抵抗 R_2 [Ω] の場合のトルク速度曲線は，図 4.20 のように滑りの大きいほうへ移動する。このように，二次合成抵抗の大きさに比例して，同じトルクを発生させる滑りが推移することを**比例推移**

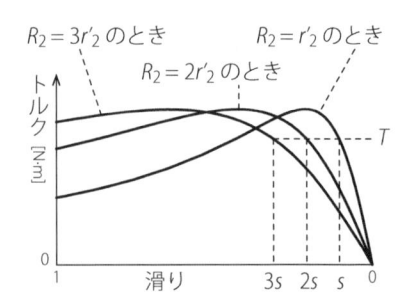

図 4.20　比例推移（トルク速度曲線）

(Proportional Shifting) といい，$R_2[\Omega]$ を適切に選べば始動時に最大トルクが得られ，始動特性を改善することができる。この特性は，電流，力率なども同様に，二次回路の抵抗の大きさによって比例推移する❶。

4.5 三相誘導電動機の運転

(1) 始動方法

三相誘導電動機の始動時の状態（回転していない状態）は，二次側を短絡した変圧器と同じと考えてよい。電動機の一次側に定格電圧を加えると，大きな始動電流が流れるため，巻線が発熱したり，電源電圧が低下するなどの悪影響がある。また，始動トルクも小さい。電動機の始動特性を良くするには，始動トルクを増し，始動電流をなるべく小さくすることが必要である。かご形誘導電動機では，始動電流を制限し，始動特性を良くする工夫をした始動方法がいくつかある。巻線形誘導電動機の場合には，比例推移を利用して二次回路の抵抗を増減することにより始動する。

◆ かご形誘導電動機の始動方法

- 全電圧始動（直入れ始動法）

　電源電圧を直接加えて始動する方式である。定格出力 4.5 kW 程度の小容量のかご形誘導電動機などに採用される。始動電流は定格電流の 400～800％ に達するが，そのような場合でも電源電圧への影響や，電動機への影響が小さいことが条件である。始動トルクは，全負荷トルクの 150％ 程度である。

- Y-Δ 始動法

　始動時には，図 4.21 に示すように，固定子巻線を Y 結線にして始動し，ある程度速度が増加したときに Δ 結線に切り換える方法である。定格出力 4.5～10.5 kW 程度のかご形誘導電動機に用いられる。Δ 結線では，相電流が Y 結線時の $\sqrt{3}$ 倍となる。つまり，線間電圧は始動時には固定子各相の巻線に

定格電圧の $1/\sqrt{3}$ 倍の電圧が加わることになり，Δ 結線で全電圧始動した場合に比べ，始動電流が 1/3 となる❷（1.4(2) 項参照）。始動電流は定格電流の 150〜200% 程度になる。また電動機のトルクは，加えた電圧の 2 乗に比例することから，始動トルクも 1/3 となるので，負荷が小さい状態で始動する場合に適している。

図 4.21　Y-Δ 始動の結線

- 始動補償器による始動方法

図 4.22 に示すように，始動時に一次側に直列に三相単巻変圧器を接続して，電動機の端子電圧を定格電圧の 40〜80% 程度に低くして始動させ，ある程度速度が増したときに，全電圧を加えて定常運転に入る方法である。一般に，定格出力 15 kW 以上のかご形誘導電動機の始動に用いられる。Y-Δ 始動法の場合と同様に考えると，始動時に定格電圧の $1/x$ 倍の電圧が加わるとすれば，始動電流と始動トルクは $1/x^2$ 倍となる。

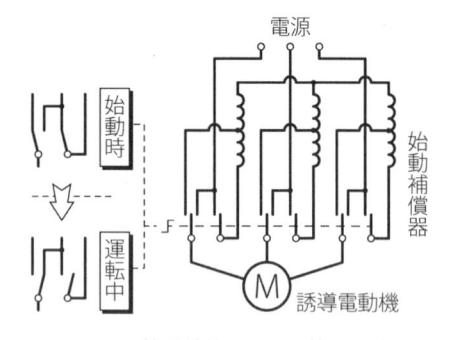

図 4.22　始動補償器による始動の結線

- 始動リアクトルによる始動方法

始動補償器による始動方法と同様の目的で用いられる方法である。リアクトルとはコイルを利用したもので，誘導性リアクタンスを持つ素子であり，図 4.23 に示すように，始動時に一次側に直列にリアクタンスを接続して始動電流を 40〜80% 程度に制限して，ある程度速度が増したときに短絡する。始動時に定格電圧の $1/x$ 倍の電圧が加

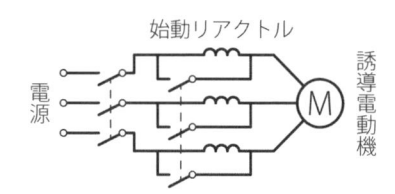

図 4.23　始動リアクトルによる始動方法

わるとすれば，始動電流と始動トルクは$1/x^2$倍となる。

◆巻線形誘導電動機始動方法

巻線形誘導電動機は，スリップリングを通して外部抵抗を接続することにより二次抵抗を増減できるため，比例推移を利用することができる。図4.24に示すように，スリップリングに始動抵抗器（Starting Rheostat）を接続して始動する。始動時は，始動抵抗器の抵抗を最大にして始動時の始動電流を制限しつつ始動トルクを増大させることができる。電動機の速度の増加に伴って二次抵抗を減少させる。定常運転時にはスリップリングを短絡してブラシを引き上げる。この始動方法は，負荷が大きくても始動が可能であり，始動電流も小さくできることから，理想の始動方法といえる。しかし，かご形誘導電動機では二次抵抗は自由に変えられないので，比例推移を利用して始動特性を改善させられるのは巻線形誘導電動機に限られる。

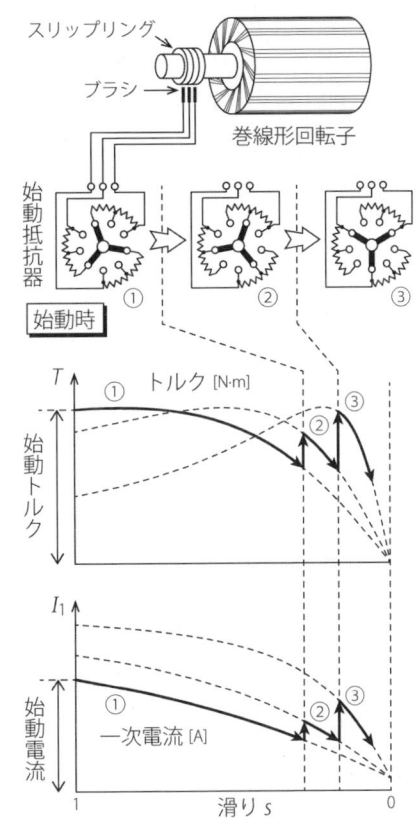

図4.24 巻線形誘導電動機の始動方法

（2） 速度制御方法❶❸

誘導電動機の回転速度 $n\,[\min^{-1}]$ は，次の式(4.33)に示すように電源周波数 f [Hz]と電動機の極数 p によって決まる。

$$n = (1-s)n_s = (1-s)\frac{120f}{p} \quad [\text{min}^{-1}] \tag{4.33}$$

滑り s，極数 p，周波数 f[Hz]を変えれば回転速度が変わり，速度制御ができる。誘導電動機の速度制御の方法には，電源周波数，極数，二次抵抗，一次電圧を変える方法や二次励磁による方法がある。

- 電源周波数を変える方法

　電動機の電源周波数を変えれば，同期速度が変わるため速度制御ができる。この方法は電源周波数変化法といい，電動機の一次側に周波数可変電源を用いる方法である。図 4.25 に示すように，電動機の一次側入力周波数の可変装置としては，**VVVFインバータ**（Variable Voltage Variable Frequency Inverter）（6.3 節参照）が用いられる。電源周波数を単独で変化させると，速度とともにトルクも変化する。そこで，発生トルクが一定となるように，$V/f=$ 一定となるように電圧も制御する必要がある（6.3 節参照）。最近では，パワーエレクトロニクスの進歩によって大容量の電力用インバータが一般的に利用されるようになり，大容量三相誘導電動機の速度制御も容易になった。

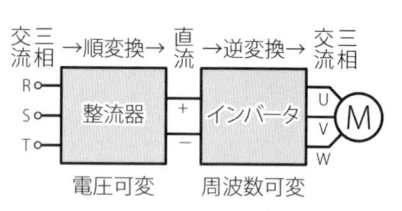

図 4.25　インバータ電源装置の構成図

- 極数を変える方法

　極数を変えることによって，段階的に回転速度を変える方法である。この方法は極数切換法といい，図 4.26 のように一組の固定子の巻線の接続を変更して行う。これは，一次巻線を 8 極の接続から 4 極の接続に変えて回転速度を 1:2 と変える方法である。その他に，固定子の同じスロットに極数の異なる 2 組の巻線を持たせてこれを使い分ける方法や，これらを併用して，たとえば一組のコイルを 4 極，8 極，も

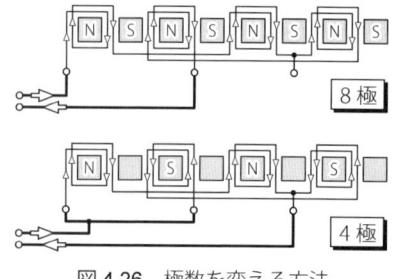

図 4.26　極数を変える方法

う一組を 6 極，12 極とし，それぞれを切り替えて，回転速度を 5:4:3:2 と変更させる方法がある．比較的効率が良いので，連続的に速度を変える必要のないウインチやエレベータ，工作機械，送風機などに用いられる．かご形の場合は固定子巻線の変更のみで速度を変えられるが，巻線形では同時に回転子巻線も切り換える必要があり，スリップリングの数が多くなるため，ほとんど用いられない．

- 二次抵抗を変える方法

　巻線形誘導電動機において，二次抵抗に比例して同一トルクを生じる滑りが変化するという比例推移を利用したものである．この方法は二次抵抗制御法という．図 4.20 で示したトルク速度曲線において，一定トルクに対して，滑りは s，$2s$，$3s$ のようになり，速度を調整できる．速度制御用の二次抵抗は装置が簡単で，始動抵抗器としても兼用できるため広く用いられるが，運転中は二次抵抗損が大きく，効率が悪い．また，速度－トルク曲線の傾きが緩やかなため，負荷の変動に対して速度の変化が大きくなるという欠点がある．さらに，無負荷では速度制御がほとんどできない．始動と停止を繰り返すような，クレーン，エレベータ，ウインチなどに用いられる．

- 一次電圧を変える方法

　誘導電動機のトルクが電圧の 2 乗に比例する（式 4.30）ことを利用して速度制御を行う方法である．この方法は一次電圧制御法といい，図 4.27 に示すように，二次抵抗の大きさを大きくしておき，電圧を変えることによって，同一負荷トルク時の滑り

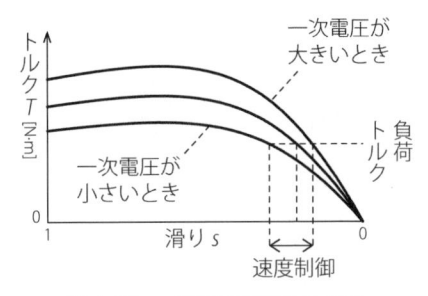

図 4.27　一次電圧を変える方法

を変えられる．このことを利用して速度制御をする．この滑りの可変の範囲を広くするためには，トルク特性曲線の傾きを緩やかにする必要があるが，その場合，二次銅損が大きくなるため，効率が悪くなる．50 kW 程度より小さいクレーンなどに用いられる．

- 二次励磁による方法

　巻線形誘導電動機の二次抵抗制御は，始動特性を良くすることはできるが，負荷の変動に対して速度の変化が大きくなるという欠点があり，とくに，低速度で負荷が変動する場合は速度変動も大きくなる。また，二次抵抗損も大きくなる。そこで，二次抵抗損に相当する電力を外部から加えることで速度制御をする方法を，二次励磁（Secondary Excitation）制御法という。図4.28に示すように電圧 E_c を加える。負荷トルクが一定ならば，電圧 E_c を大きくするにつれて滑り s も大きくなり，回転速度は減少する。また，電圧 E_c の位相を変えると，滑り s は負となり，回転速度が同期速度以上となる。したがって，回転速度を広範囲にわたって制御可能で，電圧の位相によっては電動機の力率も改善でき，高効率で運転することが可能である。定速度特性であるため，圧延機，ポンプなどに利用される。

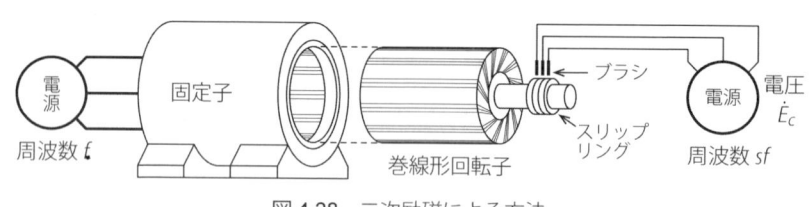

図4.28　二次励磁による方法

（3）逆転

　電動機の回転方向は，負荷側から見て反時計回りに回転しているのが一般的である。また，電動機に加わる三相交流の相回転の方向によって回転方向が決まる。したがって，電動機の回転方向を変えるためには，図4.29のように，三相電源の3線のうち2線の接続

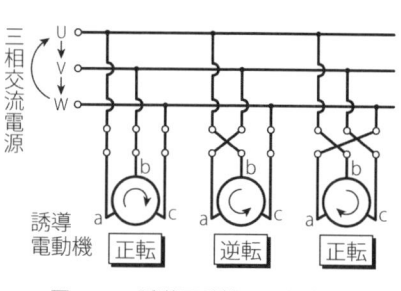

図4.29　誘導電動機の回転方向

を入れ換えて三相交流の相順を逆にすれば，固定子巻線が作る回転磁界の方向が変わり，電動機は逆転する。

(4) 制動(Braking)

制動方法には，**機械的制動法**と**電気的制動法**とがある。機械的制動法は，回転している電動機に機械的に摩擦を生じさせ，回転エネルギーを熱に変換して制動させるものであり，主に停止を目的として行われる。電気的制動法は速度の上昇を抑制する目的で使用する。一般の船舶においては，電動甲板機械および電動荷役装置に回生制動が電気的制動法として用いられている。

◆発電制動(Dynamic Braking)

回転している誘導電動機の固定子巻線（一次巻線）を交流電源から切り離して，その一相の端子と他の2つの端子を結んだ端子間に直流電源を接続して直流励磁すると，回転子巻線を電機子とする回転電機子形の交流発電機となる。これにより，電力が回転子のなかで熱エネルギーとして消費されるので制動がかかる❷。巻線形では，外部二次抵抗を変えることができるので，制動トルクの調整が可能である。回転子の発生電力はスリップリングを通して外部抵抗で消費させれば電動機自身が過熱することはないが，かご形電動機の場合は電動機が過熱するので注意を要する。

◆誘導ブレーキ(Induction Braking)

外力を加えて回転子を回転磁界と反対方向（滑り $s > 1$）に回転させた場合の速度特性曲線は図 4.30 のようになる。ここで機械的出力 P_g は負となり，これが制動力となる。一次側に供給される電気的入力 P_1 と，回転子から入力される機械的入

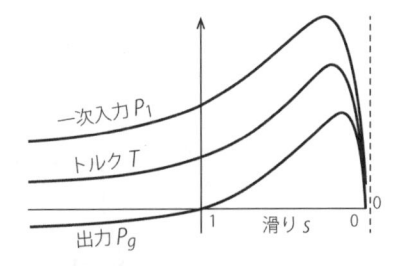

図 4.30　誘導ブレーキの速度特性曲線

力に相当する P_2 は，主として二次抵抗で熱として消費されるため十分な容量である必要がある。二次抵抗を大きくしていくと，比例推移により，電流を制限できるとともに低速度付近で大きな制動トルクを得られる。

◆ 逆相制動（Plugging）

3本の三相固定子巻線のうち2本を入れ替えると，回転磁界の方向は逆方向になり，回転子に逆方向の力が発生して誘導ブレーキとなるため，強力な制動トルクを発生する。この方法は，逆相制動（プラッギング，Plugging）といい，効果的に急制動を行うことができる❸。低速度になるほど制動トルクは大きくなり，急停止ができるが，大きな電流が流れるため，二次抵抗を十分に大きくして電流を制限する必要がある。停止した時点で回路を切らないと逆転してしまうので，プラッギングリレーを用いて自動的に回路を遮断する。

◆ 単相制動（Single Phase Braking）

巻線形電動機にのみ使用される制動方法で，一次側の3端子を図4.31のように一相の端子と他の2つの端子を結んだ端子間に単相交流を流して励磁すれば，単相誘導電動機（4.7節参照）となる。二次側に抵抗を接続して抵抗を増

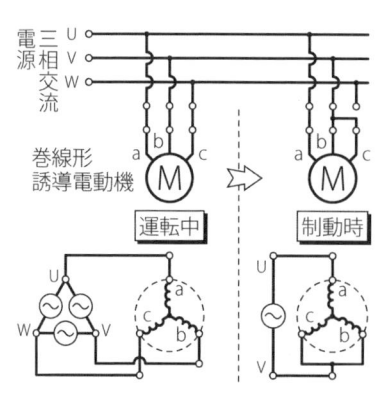

図4.31 単相制動における結線方法

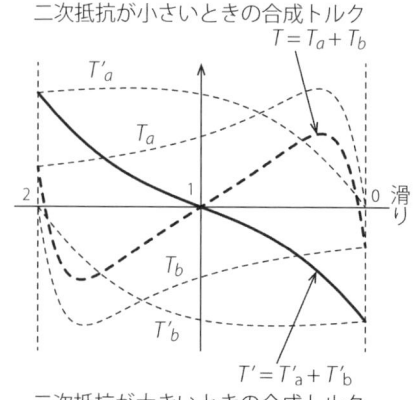

図4.32 単相制動のトルク-速度特性

大させていくと，比例推移により停動トルクはしだいに滑りの大きいほうへ移動する。二次抵抗がある値になると，定格回転数における合成トルク T' は負の値（図 4.32）となり，電動機は制動される。あまり大きな制動トルクを必要としない場合に用いられる。

◆ 回生制動（Regenerative Braking）

これまでの制動方法は回転エネルギーを熱に変換して制動する方法であったが，誘導電動機を発電機に切り替えて，制動しながら電力を電源に送り返す制動法が回生制動である。回転子が回転磁界の方向に同期速度以上の速度（滑り $s < 0$）で回転すると，速度特性曲線は図 4.33 のようになり，一次入力

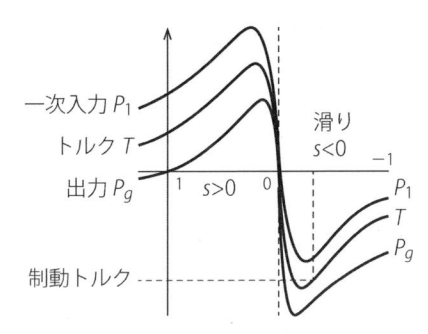

図 4.33 回生制動の速度特性曲線

P_1 と，二次出力 P_g，トルク T はいずれも負となる。したがって，トルクは回転方向とは反対方向の制動トルクとなり，発電機として動作する❷。ここで，P_2 は機械入力，P_1 は電気出力となり，入力の一部は熱として消費されるが，出力は電源に送られるため，効率の良い制動方法である。この制動法は，クレーンやウインチなどで荷物を降下させる場合に用いられる。

4.6　特殊かご形誘導電動機

かご形誘導電動機は，構造が簡単で頑丈であり，始動特性も良いが，始動電流が大きいにもかかわらず，始動トルクが小さいという問題がある。一方で，巻線形誘導電動機は，始動特性は良いが，かご形に比べて構造が複雑で，運転特性が良くない。かご形の構造で，始動時の電流を制限し，始動トルクを大きくするために，回転子スロットを特殊な構造として巻線形の始動特性に近づけようとしたものが，特殊かご形誘導電動機である。特殊かご形誘導電動機は，

二重かご形（Double Squirrel Cage）と深溝かご形（Deep Slot Cage）が代表的である。

（1） 二重かご形誘導電動機

　回転子スロットを外側（A 導体）と内側（B 導体）の上下 2 段として，それぞれの両端を短絡して 2 組のかご形巻線を施したものが二重かご形誘導電動機である（図 4.34(a)）。A 導体は B 導体に比べて抵抗率が大きく断面積の小さい導体が用いられている。B 導体は抵抗率が小さく断面積の大きな導体を用いる。A 導体と B 導体の間には適当な間隔があり，B 導体の漏れ磁束の通路となる。始動時の滑りが大きいときは，二次周波数 sf が大きく，B 導体のインピーダンスが A 導体のインピーダンスより大きくなるため，回転子の電流が A 導体を通る。ちょうど，比例推移を利用した場合と同様，巻線形の回転子に抵抗を入れたことと同じ作用となり，大きな始動トルクを得ることができる。運転時になって滑りが小さくなると，回転子の電流は抵抗が低い B 導体を流れ，普通かご形と同様となり，運転効率が良くなる。大きな始動トルクを必要とするコンプレッサやクレーンなどの動力に使用される❶。

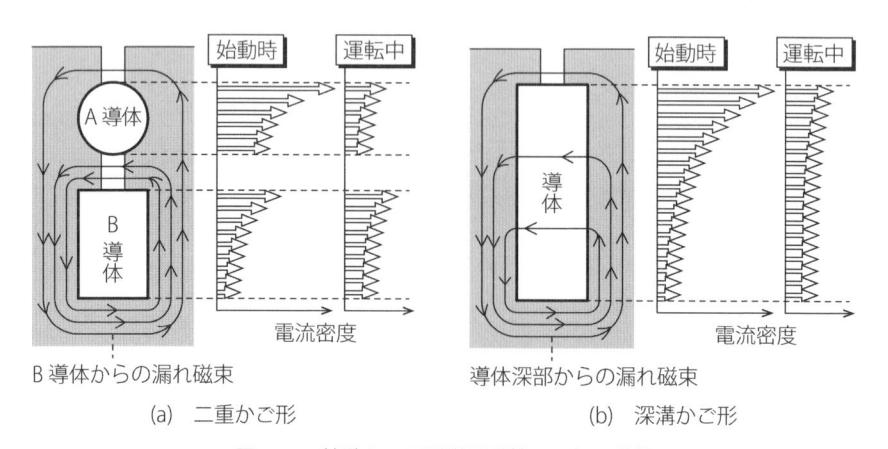

(a) 二重かご形　　　(b) 深溝かご形

図 4.34　特殊かご形誘導電動機の回転子導体

(2) 深溝かご形誘導電動機

回転子スロットの幅を小さくして深くすると（図 4.34 (b)），導体の漏れ磁束は内側ほど大きくなる。電流密度が不均衡となり，見かけ上，導体の断面積が小さくなったようになり，抵抗が増してトルクが大きくなる。速度が増して滑りが小さくなるとリアクタンスも減少するので，電流はほぼ一様に流れるようになり，普通かご形と同様となり，運転効率が良くなる。このような回転子スロットの形状を持つ誘導電動機を深溝かご形誘導電動機という。始動トルクも大きく，10 kW 程度の出力が必要なポンプや送風機に用いられる。

4.7 単相誘導電動機

単相誘導電動機は 100 V 単相で運転できるため，一般に広く用いられている。容量は数百 W 程度かそれより小さい。船舶においても居住区などの 100 V が供給されている場所で使用される洗濯機，冷蔵庫などに使われている。

(1) 回転の原理

三相誘導電動機は，運転中に三相のうちの一相が断線しても運転を続ける。ただし電流は増加して滑りは大きくなる。一般に全負荷以下での運転の場合には回転を続けるが，いったん停止すると電圧を加えても回転を始めない。単相誘導電動機は，回転子巻線は三相かご形誘導電動機と同じかご形であるが，固定子には単相巻線が施されている。単相巻線の交番磁界は，三相巻線のような一定方向の回転磁界を生じない。ここで，図 4.35 (a) に示すように，交番磁束 $\dot{\varPhi}$ は大きさが最大磁束 $\dot{\varPhi}_m$ の 1/2 で，互いに反対向きに同期速度で回転する 2 つの回転磁束 $\dot{\varPhi}_a$, $\dot{\varPhi}_b$ に分解して考えられる。したがって，単相誘導電動機の回転子には，図 4.35 (b) に示すように，$\dot{\varPhi}_a$ によるトルク T_a と，$\dot{\varPhi}_b$ による T_b が互いに反対向きに作用し，合成トルクが T となる。つまり，回転子を何らかの方法で，いずれかの方向に回転してやれば，$T_a > T_b$（時計方向の場合）となっ

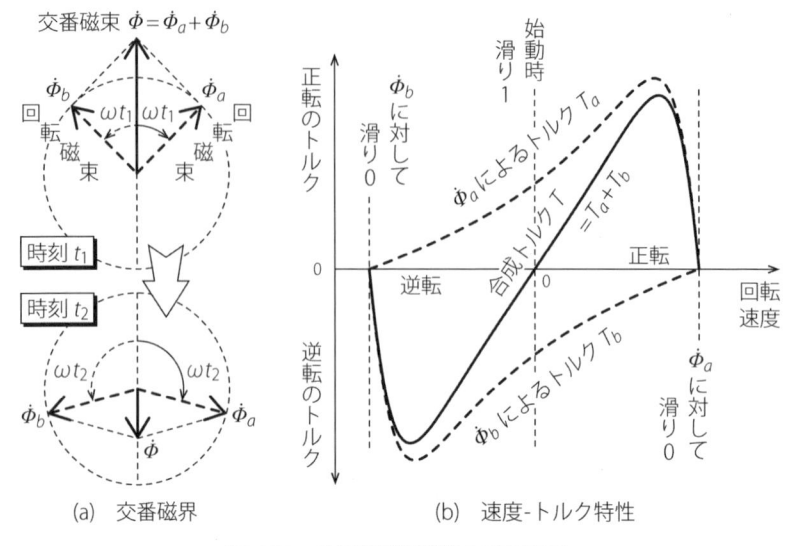

図 4.35 単相誘導電動機の回転原理

て，回転子はその方向に回転を続ける。単相誘導電動機は，最初に一定方向の始動トルクを与えるための独特の装置が必要であり，その始動装置の構造によって分類される。

(2) 始動方法と種類

◆分相始動形単相誘導電動機

分相始動形単相誘導電動機（Split Phase Start Single Phase Induction Motor）は，図 4.36(a)のように固定子には主巻線 M と，リアクタンスを小さく（巻数を少なくする）して抵抗を大きく（巻線を細くする）した始動巻線 A とがあり，互いに電気角が $\pi/2$ [rad] として巻く。この 2 巻線に電圧 $\dot{V}$ を加えると，図 4.36(b)のように主巻線 M には電圧 $\dot{V}$ より遅れた電流 $\dot{I}_M$ が流れる。始動巻線 A には電圧 $\dot{V}$ に対して $\dot{I}_M$ より遅れの小さい電流 $\dot{I}_A$ が流れる。$\dot{I}_M$ と $\dot{I}_A$ との間には位相差 φ が生じ，不完全ではあるが二相の回転磁界が生じる。この回

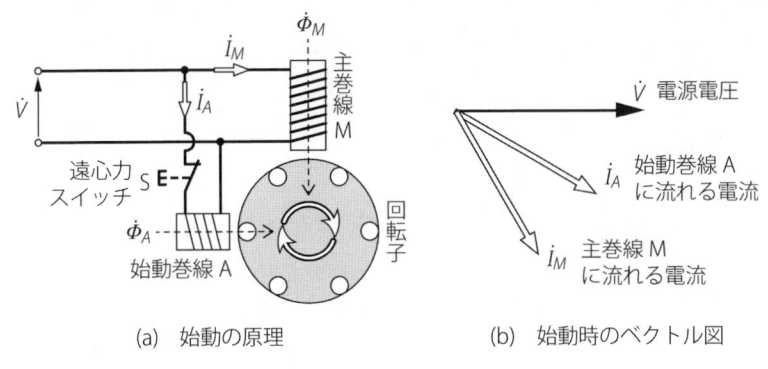

(a) 始動の原理　　　　　(b) 始動時のベクトル図

図4.36　分相始動形単相誘導電動機

転磁界によって回転子は回転を始める。速度が同期速度の 70〜80% 近くなると，遠心力スイッチ S（Centrifugal Switch）が動作し，始動巻線 A は自動的に回路から切り離される。この電動機は構造が簡単であるが，始動電流（500〜600%）が大きい割に始動トルク（125% 程度）が小さいため，35〜250 W 程度のファンやポンプに用いられる。逆転は，主巻線か始動巻線のどちらかの接続を反対にすればよい。

◆コンデンサ始動形単相誘導電動機

　コンデンサ始動形単相誘導電動機（Capacitor Start Single Phase Induction Motor）は，図 4.37(a)に示すように始動巻線 A と直列に始動用コンデンサ C_S を接続した一種のコンデンサ分相形の電動機である。図 4.37(b)のように始動巻線 A に流れる始動電流 $\dot{I}_A$ は進み電流となり，始動時の $\dot{I}_M$ と $\dot{I}_A$ の位相差は $\pi/2$ [rad] に近い。回転磁界が円形に近いため始動トルクが大きく（250% 以上）なり，始動電流も 400〜500% になる。運転中は遠心力スイッチ S により，始動用コンデンサを回路から切り離す。図 4.37(c)のように運転中もコンデンサ C_R を接続したままのものをコンデンサモータといい，力率，効率ともに分相形より良い。逆転は，分相形と同じようにすればよい。図 4.38 に，コンデン

(a) 始動の原理

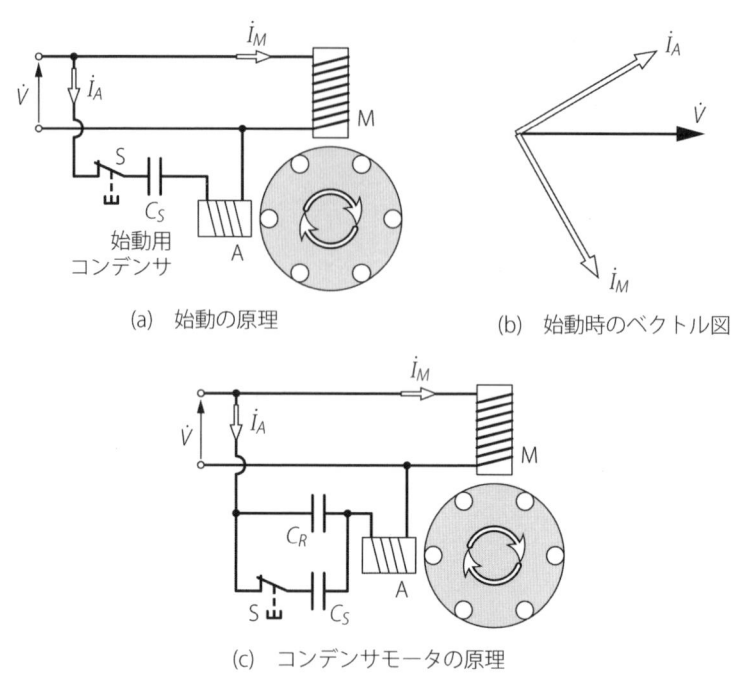

(b) 始動時のベクトル図

(c) コンデンサモータの原理

図 4.37 コンデンサ始動形単相誘導電動機

サ始動形と分相始動形の滑り-トルク曲線の例を示す。コンデンサ始動形は分相始動形より高価になるが，始動トルクが大きくコンプレッサ，ポンプ，ファン，洗濯機，冷蔵庫などに広く利用されている。

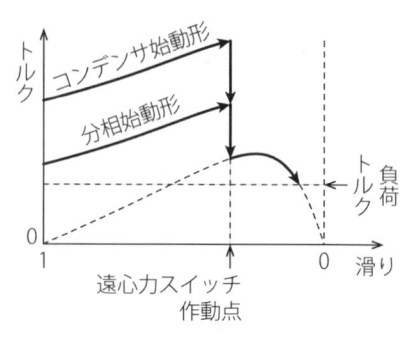

図 4.38 単相誘導電動機の滑り-トルク曲線

◆くま取りコイル形単相誘導電動機

くま取りコイル形単相誘導電動機（Shading Coil Type Single Phase Induction Motor）は，回転子に普通のかご形を用いる。固定子は単相の主巻線と図 4.39 のような成層鉄心の極の一部に切れ目を作り突極形とする。そこに，くま取り

コイルと呼ばれる短絡コイルを設ける。一次巻線に電圧を加えると，くま取りコイルの磁束 $\dot{\Phi}_S$ が，短絡電流の反作用磁界のために，主巻線の磁束 $\dot{\Phi}_M$ より遅れるので，回転子はくま取りコイルのないほうからあるほうへ移動するトルクを生じる。くま取りコイル形は回転方向を変えることはできない。始動トルクは 40〜50% と小さいわりに始動電流は 400〜500% と大きく，くま取りコイルにおける損失が大きいので効率・力率ともに悪いが，安価なため 20 W 程度以下の扇風機や換気扇などのファンに用いられる。

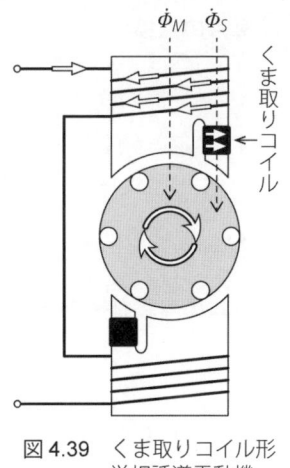

図 4.39 くま取りコイル形単相誘導電動機

4.8 三相誘導電動機の保守

(1) 保守

　誘導電動機は，使用場所や負荷の状態に応じて点検内容や方法を決めていけばよいが，一般に以下のようなことに留意しながらメンテナンス (maintenance) を行う。

◆ 毎日の点検❷

- 始動時の電流に注意し，始動の状態を確認する。
- 運転時の電流が普段の状態と異なっていないかを確認する。
- 普段から各部の運転時の温度を確認しておき，温度上昇に注意する。
- 普段とは異なる臭い，振動や音に注意する。
- 負荷に対する速度の変動や，低下に注意する。

◆毎月の点検

- 軸受部の潤滑状態を確認し，油が不足しているようであれば給油する。
- 巻線と鉄心間をはじめとする各部の絶縁抵抗を測定し，絶縁不良がないかを調べる。
- ヒューズが適当に使用されているかどうか確認する。

◆毎年の点検（ドック時の点検）

- 軸受の油，グリースなどの潤滑油を仕様書記載の規格のもので取り換える。
- 分解清掃を行い，組み立て時にはボルトやナットを既定のトルクで締め付ける。
- 回転部分がスムーズに回転するか確認する。
- 電動機の相順が回転方向と一致しているか調べる。
- 保護装置などが正常に働くかを調べる。

(2) 故障と原因

　誘導電動機の故障の原因をまとめると表 4.2 のようになる。故障の原因は多岐にわたるため，その都度，原因を究明して対処する必要がある。ここでは，代表的な原因と対策を示す❶❸。

◆浸水時の対策

たとえば，誘導電動機などの電気機器が浸水した場合は

- 機器内に入っているごみや汚物などを除去するため，分解清掃を行う。分解した個々の部品を清水でぬぐい，油分はガソリンなどで十分にふき取る。絶縁に悪い影響を与える塩分がある場合は，水を使って処理をして十分に取り除く。
- 絶縁抵抗が規定の値になっている場合には，電流を流すことによって装

表 4.2　誘導電動機の故障と対策

故障の状態	原　因	対　策
音がせず回転しない	停電 固定子巻線の断線 電動機への接続線の断線 始動器の接触不良	電源確保 導通試験をした後，断線箇所を修理する 断線箇所を確認し修理する 接触状態を調整する
うなり音がするが回転しない	電源電圧不足 開閉器の接触不良 スリップリングとブラシの接触不良 三相巻線の断線 負荷が大きすぎる 固定子と回転子が接触している 軸受の焼き付き	配電盤の電圧を確認し正規の電圧にする 接触状態を調整する 接触状態を調整する 断線箇所を確認し修理する 負荷との接続を切り離して運転し確認 軸受などの機械部分を確認し調整する 点検して組みなおす
規定の回転数に達しない	固定子や回転子回路の抵抗が大きい 供給電圧不足 三相巻線の断線 負荷が大きすぎる	巻線形では，スリップリングとブラシの接触および始動器の接触を確認，かご形では，回転子導体と端絡環の接触を確認 配電盤の電圧を確認し正規の電圧にする 断線箇所を確認し修理する 負荷との接続を切り離して運転し確認
電流計の指示値が大きく変動する	負荷が大きく変動している 固定子や回転子回路の抵抗が大きい 電流計不良	負荷変動を小さくする 巻線形では，スリップリングとブラシの接触および始動器の接触を確認，かご形では，回転子導体と端絡環の接触を確認 電流計を交換する
振動が大きい	軸心のずれ 固定子と回転子が接触している 固定子と回転子のエアギャップが狂っている 負荷側の振動が伝わっている アース不良	軸受を確認し軸心の心出しを行う 手で回転させてみて取り付け状態を調べ調整する 隙間を計測して修正する 負荷との接続を切り離して運転し確認 テスターで漏電を調べて修理する
軸受部が発熱する	軸心の狂い 軸受の隙間が適当でない ベアリングの隙間が適当でない グリースが少ないか多すぎる ベルト張力が強すぎる	軸心の調整をする 隙間の調整をする 隙間の調整をする 規定の量にする 規定の張力にする

置の温度を上昇させ，乾燥させる方法がある。一方，絶縁抵抗が低下している場合は，電流を流すと危険であるため，熱風を使って十分に乾燥させる。一般に乾燥始めには絶縁抵抗は低下し，その後，上昇し始める。十分に絶縁抵抗を上げるためには，長時間にわたって乾燥を継続させる必要がある❶❸。

1等機関士の仕事

① 主機関の運転，(補機を含む)保守管理(ディーゼル機関，タービン機関)
② 推進機器(プロペラ，軸封装置，プロペラ軸，中間軸，減速装置)の管理
③ 潤滑油の管理(消費量，購入，性状管理分析)
④ 海洋汚染防止機器の運用，保守管理(ビルジポンプ，油水分離機)，汚水維持管理・記録
⑤ 甲板機器(ウインドラス，ムアリングウインチ)，荷役装置の運転，保守管理
⑥ 船舶の保船，付属機器全般の保守管理実務全般，保守計画の策定
⑦ 船舶検査の計画と実施
⑧ 機関職部員の労務，安全衛生の監督，教育担当
⑨ ISMの運用，維持，管理

CHAPTER 5

シーケンス制御

　シーケンスとは物事の発生する順序のことを表す。このことから**シーケンス制御**（Sequential Control）は**定められた順序どおりに各段階を進めていく制御**という意味となり，電動機(でんどうき)（モータ）を用いた各種機器の始動や停止，ボイラの点火，エレベータ，洗濯機，自動ドアをはじめ，船舶電気機器など広く応用されている。この章では，シーケンス制御の基礎と応用について学ぶ。

5.1　シーケンス制御の部品と記号

(1)　シーケンス制御の基本

　現在では多くの機器が**自動化**（Automation）されており，人の作業への従事や機器を監視する手間が省略されている。洗濯を例にとって考えてみると，昔は人の手で汚れが落ちるまで洗っていたが，現在では洗濯機が設定した時間洗い続けてくれる。これが自動化もしくは**自動制御**(じどうせいぎょ)（Automatic Control）の一端といえる。自動化されたもののうち，順序に従って進めていく制御がシーケンス制御となるが，初期の洗濯機やトースターなどのように，設定時間動作するだけではシーケンス制御とはならない。シーケンス制御のよい例が全自動洗濯機であり，そのシーケンスを図 5.1 に示す。また全自動洗濯機の動作順序を一つずつ挙げてみると，以下のようになる。

① スタートスイッチを押下(おうか)後，給水弁が開き，給水が開始される。
② 決まった水位まで達すると給水停止。モータが始動。洗濯が開始される。
③ 洗濯が終了すると排水弁が開き，排水が始まる。排水後に給水が開始する。
④ 給水が完了すると，すすぎが開始される。すすぎ終了後に排水を行う。

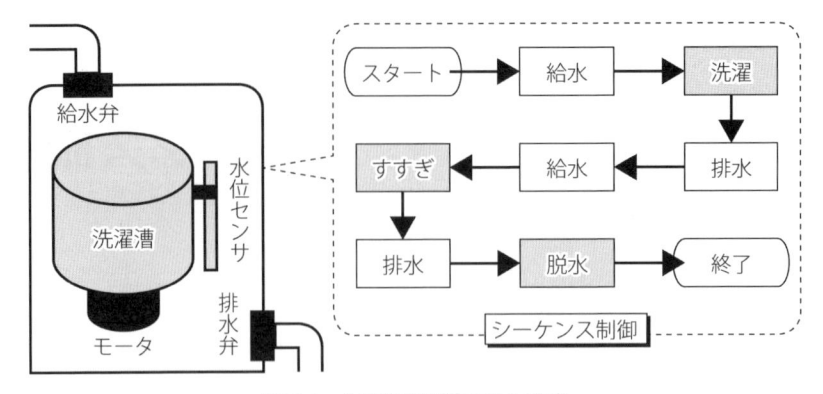

図 5.1　全自動洗濯機の動作順序

⑤　排水完了後，所定の時間，脱水を行い，洗濯が終了する

このように複数の段階を逐次進めていく制御がシーケンス制御となり，順序に沿って進めていくことから**順序制御**とも呼ばれている。全自動洗濯機では洗濯－すすぎ－脱水という主となる働きが行えるように，給水や排水を組み込んだ各段階の順序が，あらかじめ定められている。給水する水量は洗濯物の重さなどで自動設定され，その水位まで達すると給水が停止する。これは圧力センサなどで設定水位まで達したことを検知して給水弁が閉じるためである。一般的には，すすぎ動作の回数や脱水などの動作時間も，重量検知で自動設定される。いま挙げた給水，すすぎ，脱水それぞれの動作は単なる順序制御ではなく，以下に挙げられる制御方式となる。

- **条件シーケンス制御（条件制御）**：給水時に水位まで達したときやボタンを押したときなど，何らかの条件で次の段階へ進む方式
- **時限シーケンス制御（時限制御）**：脱水時間や信号が変化する時間など，そのシステムで設定された時間が経過すると次の段階に進む方式
- **計数シーケンス制御（計数制御）**：すすぎなどの動作回数や，販売機への硬貨投入のように，設定された回数や個数を数えると次の段階に進む方式

(2) スイッチと電磁リレー

シーケンス制御において，次の段階へ進むということを考えてみる。まず現在動作している機器1があり，次の段階で動作する機器2がある。現在の段階から次の段階へ進むということは，簡単にいうと**機器1がオフして機器2がオン**になるということである。よってシーケンス制御では多くの種類のスイッチが頻繁に用いられる。とくに電磁リレーはシーケンス制御において中枢となる。またスイッチをはじめとするさまざまな部品を接続して**シーケンス制御回路**が作られるが，その際には設計図が必要である。設計図となるシーケンス制御回路の接続展開図は**シーケンス図**（Sequence Diagram）と呼ばれ，記号や記述ルールなどが定められている。表 5.1 に代表的な**スイッチ**（Switch）の種類と図記号を紹介する。

シーケンス制御では電動機が制御対象となることが多い。その電動機の動作時においては大きな電流が流れ，駆動には大電力が必要となる。それに対してシーケンス制御などの制御回路では大きな電流を必要としない。そのため，電動機などの電力系統と制御系統を分離・絶縁して，制御回路を大電流によるトラブルなどから保護することを目的として，磁力を介した動作を行う電磁リレーがシーケンス制御ではよく用いられている。

シーケンス図に用いられる図記号は，日本工業規格により定められている電気用図記号を引用しており，JIS C 0617 により定められているものを「JIS 新記号」と表記している。また，JIS C 0301 には国際規格に準ずる系列 1 と，国内で用いられている図記号がもととなった系列 2 があり，ここでは JIS C 0301 の系列 2 により定められているものを「JIS 旧記号」と表記している。**船舶では JIS 旧記号が長く用いられていたが，近年では JIS 新記号へと変化してきている**。横書きの図記号を縦書きとする際は 90 度右回転させる。各スイッチの図記号の接点状態は**a接点**と**b接点**に分けて説明されている。a 接点とは初期状態では開いており（オフ），手動操作や電磁コイル通電などにより動作して

表 5.1　シーケンス制御スイッチ類の図記号

種　類	JIS 新記号	JIS 旧記号	説　明
押しボタンスイッチ (Push Button Switch) および 残留接点型スイッチ	a 接点 b 接点 a 接点（残留接点）	a 接点 b 接点 a 接点（残留接点）	ボタンの押下によりオン／オフする操作スイッチ。ボタンを離すと元の状態に自動復帰する。 残留接点型はボタンを押すことで状態が変化し，その状態を保持する。再度の押下で状態復帰。
ナイフスイッチ	1 回路 3 回路	1 回路 3 回路	ハンドルを手動で操作することによってオンおよびオフを行うスイッチ。手を離しても元の状態が保持される。
電磁接触器	a 接点	a 接点	可動鉄心を吸引することで接点状態が変化するスイッチ。電力系に用いられる。

CHAPTER 5　シーケンス制御

種　類	JIS 新記号	JIS 旧記号	説　明
リミットスイッチ	a 接点 b 接点	a 接点 b 接点	物体の位置変化を検出するスイッチ。位置の変化が設定位置を超えると接点状態が変化する。
電磁リレー （電磁継電器：Relay）	a 接点 b 接点	a 接点 b 接点	コイルの磁力で鉄片を吸引することにより接点状態が変化するスイッチ。電磁接触器と同一原理だが構造は簡易。下段がコイル。制御用，電力用などがある。
限時リレー （タイマリレー： Time-Lag Relay）	a 接点（動作型） b 接点（動作型） a 接点（復帰型） b 接点（復帰型）	a 接点（動作型） b 接点（動作型） a 接点（復帰型） b 接点（復帰型）	タイマ通電時にのみ設定時間による動作遅れが生じ，復帰は即時となるものが限時動作型となり，タイマ通電時は即時動作，遮断時にのみ設定時間復帰が遅れるものが限時復帰型となる。タイマはリレーコイルと同一の図記号となる。

157

接点が閉じる(オンとなる)スイッチで**メーク接点**(Make Contact, Normally Open Contact)とも呼ばれる。b接点は初期状態では閉じており(オン),動作すると接点が開く(オフとなる)スイッチで**ブレーク接点**(Break Contact, Normally Close Contact)とも呼ばれる。また,c接点(切換接点:Change-over Contact, Break Make Contact, Transfer Contact)と呼ばれる接続回路を切り換える接点もある。

> a接点:通常オフ→動作時オン　　b接点:通常オン→動作時オフ

(3) その他のシーケンス制御機器

シーケンス制御においては制御に用いられるスイッチ類のみならず,保護用のスイッチや回転機,その他の電気素子などが数多く用いられる。保護用機器

表5.2　シーケンス制御機器の図記号

種類	図記号			種類	図記号	
熱動過電流リレー	ヒータ	非自動復帰接点（新）（旧）		ヒューズ	新記号	旧記号
遮断器	新記号	旧記号		回転機	電動機	発電機
ランプ	新記号	旧記号	カラー記号　青:B　緑:G　橙:O　赤:R　白:W　黄:Y	ブザー	新記号	旧記号
変圧器	単線用	複線用		抵抗器	新記号	旧記号

には，電流経路のヒータが一定以上の温度となると接点が開く熱動過電流リレー（Thermal Relay），過度の電流により溶断するヒューズ（Fuse），過電流の際に回路をオフにする遮断器（Circuit Breaker）などがある．表 5.1 で紹介している電磁接触器と熱動過電流リレーを併せたものが電磁開閉器（Electromagnetic Switch）となる．回転機には電動機や発電機が挙げられる．ほかにもシーケンス制御に用いられている機器や素子は数多くあるが，その代表的な機器類の図記号を表 5.2 に紹介する．

5.2 シーケンス制御基本回路

（1）押しボタンと電磁リレーの回路

前節ではシーケンス制御に用いる代表的な機器の図記号を紹介した．それらを組み合わせて作るのがシーケンス図であり，最終的に製作するシーケンス制御回路の設計図となる．シーケンス図は基本的に電気回路となっている．電源や機器，素子，スイッチがすべて一周（直列）となるように接続され，スイッチがオンしている場合，直列に配置された機器などが通電する．シーケンス図内に回路が複数経路存在する場合，その通電する順序を追っていくとシーケンス制御の順序を理解することができる．ここでは基本的なシーケンス図の読み取り方を習得する．

図 5.2 に押しボタンと緑ランプ電源からなる回路を示す．図 5.2(a)の回路は**押しボタンスイッチ S1（a接点）を押している間（押下中）のみ**回路が通電して**緑ランプ GL が点灯**し，スイッチ S1 を押していない間ランプ GL は消灯する．押しボタンスイッチのような操作を加えていないときに元の状態に戻るスイッチは**自動復帰接点**と呼ばれる．このシーケンス回路の電源は交流電源としているが，シーケンス回路によっては直流電源や発電機，変圧器を介しての給電があり，図 5.2(b)のように電源の図記号を省略することがある．電源を省略する際，交流では R，T など，直流では P，N などの文字を記して，電源の種別を

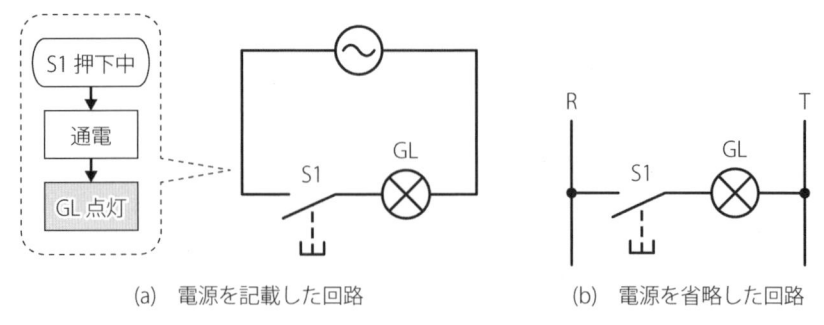

(a) 電源を記載した回路　　　　(b) 電源を省略した回路

図 5.2　押しボタンランプ回路

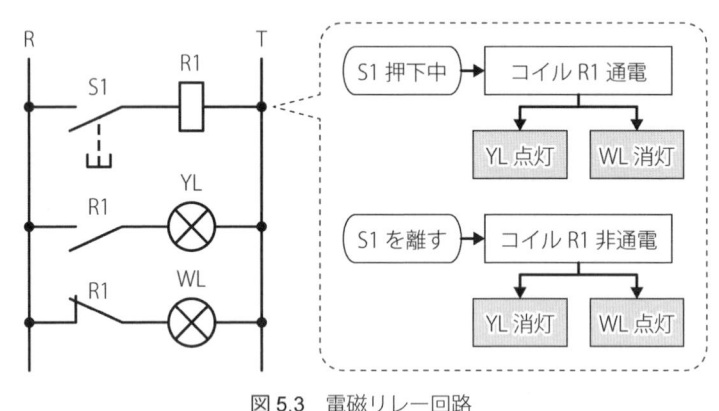

図 5.3　電磁リレー回路

表している。回路例での図記号には，JIS 新記号を用いている。

　押しボタンとランプに加え，電磁リレーのコイルおよびスイッチを追加したシーケンス回路を図 5.3 に示す。

　押しボタンスイッチ S1 と直列に配置され，R1 と記載された四角形状の図記号が電磁コイルとなり，その下の段にリレースイッチ R1 の a 接点と黄ランプ YL が，最下段にリレースイッチ R1 の b 接点と白ランプ WL が配置されている。このシーケンス回路のスイッチ S1 押下中は電磁コイル R1 が通電し（励磁され），コイルに生じた磁力によってスイッチ R1 の a 接点がオン，b 接点がオフとなり，白ランプ WL が消灯，黄ランプ YL が点灯する。スイッチ S1 に操作を加えていない（押していない）ときは電磁コイル R1 が非通電となり，

接点は元の状態に復帰するため,リレースイッチ R1 の b 接点が配置される経路のみ通電する。よって白ランプ WL が点灯,黄ランプ YL が消灯となる。ここで通電という用語が用いられているが,「電流が流れる」という意味であり,以降,コイルに電流が流れているかどうかを表すときなどに用いる。

ここまで紹介した 2 つのシーケンス回路は,押しボタンスイッチ押下中のみ状態が変化する回路であった。そのような回路の場合,継続して状態変化が求められると,押しボタンスイッチに操作を加え続けなければならない。一つの操作によって継続した状態変化を得るには,残留接点型の押しボタンスイッチの使用が考えられる。残留接点型では操作後に接点状態が保持され,ボタンの押下のたびにオン/オフが切り替わるため,一つの操作で状態変化の継続が可能となる。押しボタンスイッチを残留接点型としたシーケンス回路を図 5.4 に示す。

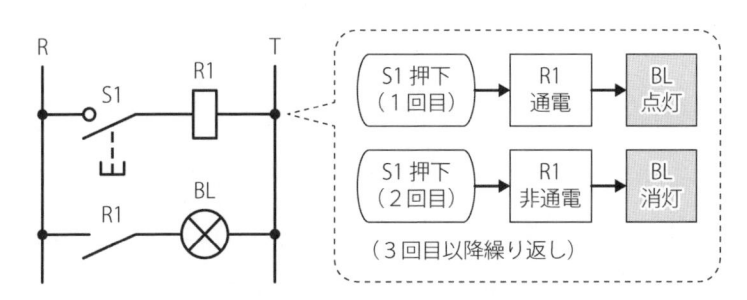

図 5.4 残留接点型ボタンスイッチ回路

このシーケンス回路では残留接点のスイッチ S1 を押すたびにオン/オフが変わり,青ランプ BL の点灯と消灯が交互に切り替わる。この方式により継続的な(ボタンを押し続ける)操作は不要となるが,単一のボタンでオン/オフを操作することとなる。オンのボタンとオフのボタンを別個にしつつ,継続操作を不要としたい場合は,自己保持機能を持ったシーケンス回路を用いる。

自己保持回路の例を図 5.5(a)〜(d)に示す。オンスイッチとなる押しボタンスイッチ S1 と並列にリレースイッチ R1 の a 接点が接続されている。スイッチ ON-S1 を押すと電磁コイル R1 が通電し,2 つのリレースイッチ R1 の a 接

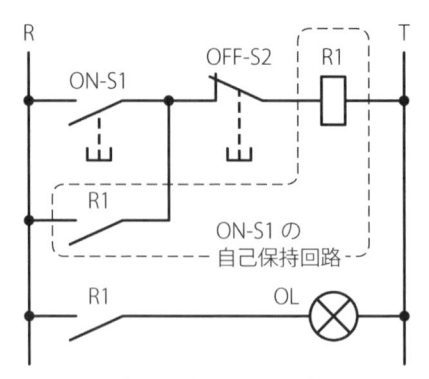

(a) 自己保持回路（初期状態）

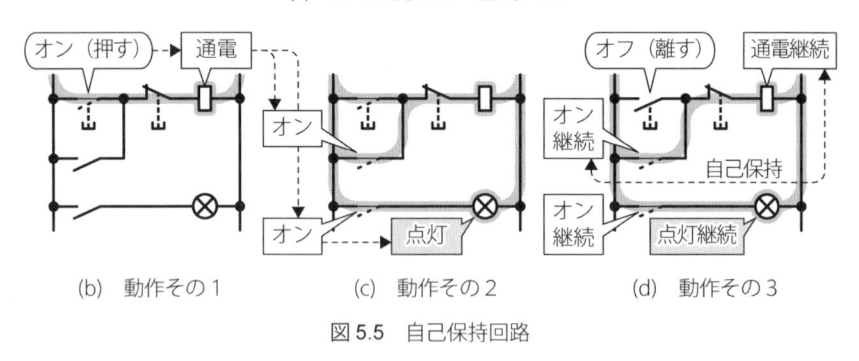

(b) 動作その1　　(c) 動作その2　　(d) 動作その3

図 5.5　自己保持回路

点の状態がオンとなる。スイッチ R1 のうちの一つは橙ランプ OL と直列に配置されているため，ランプ OL は点灯する。スイッチ ON-S1 と並列のもう 1 つのスイッチ R1 がオンとなっているため，スイッチ S1 を離しても**電磁コイル R1 は通電し続け，スイッチ R1 の状態変化は継続**される。図 5.5(b)～(d) はその動作を段階的に表した図となっている。このような押しボタンスイッチの直列電磁コイルと並列リレースイッチによりコイルの通電を継続させる回路方式を**自己保持回路**❷と呼ぶ。スイッチ OFF-S2 を押すことにより自己保持回路がキャンセルされ，コイル R1 が非通電となり，スイッチ R1 の状態が復帰する。

(2) 限時（タイマ）リレーの回路

電磁リレーのコイルに通電したとき，リレースイッチの動作は瞬時に行われ

る．対して限時リレーはタイマ通電もしくは非通電の後，接点が状態変化するときに，設定時間による**遅れが生じる**．この設定時間が，洗濯機などでは洗濯時間や脱水時間にあたり，時間経過後には次の状態へ推移（接点状態が変化）する．タイマ通電時にスイッチの動作が遅れるものが**限時動作接点**，タイマ非通電時にスイッチの復帰が遅れるものが**限時復帰接点**と呼ばれる．限時動作接点の復帰と限時復帰接点の動作は即時に行われる．それぞれの回路例を図 5.6 と図 5.7 に示す．

限時動作接点を用いた図 5.6 の回路の初期状態は赤ランプ RL 消灯，白ランプ WL 点灯となる．手動（ナイフ）スイッチ S1 の a 接点をオンにするとタイマ TLR1 が通電する．限時動作型のため 2 つのタイマスイッチ TLR1 は即時に動作はせず，**設定時間経過の後に**スイッチ TLR1 の a 接点と b 接点が**状態変化**し，ランプ RL 点灯およびランプ WL 消灯となる．スイッチ S1 をオフにするとタイマ TLR1 が非通電となり，2 つのスイッチ TLR1 は**即時に状態復帰**，ランプは RL 消灯，WL 点灯となる．

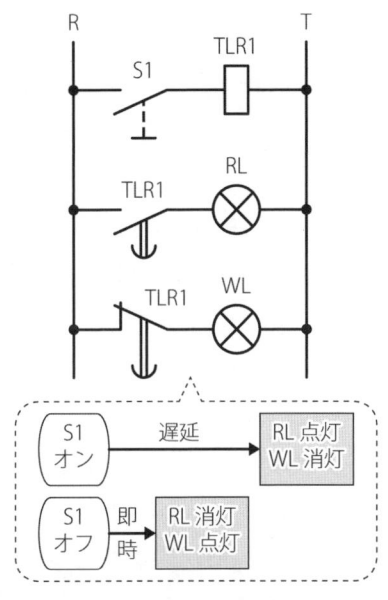

図 5.6　限時リレー 限時動作接点

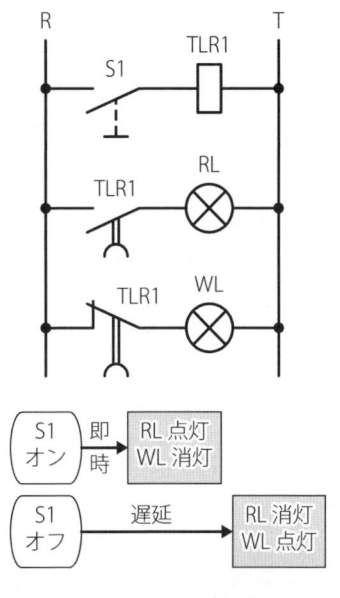

図 5.7　限時リレー 限時復帰接点

限時復帰接点を用いた図 5.7 の回路の初期状態は赤ランプ RL 消灯，白ランプ WL 点灯となる。スイッチ S1 の a 接点をオンにするとタイマ TLR1 が通電し，2 つのスイッチ TLR1 は**即時に状態変化**，ランプ RL 点灯およびランプ WL 消灯となる。スイッチ S1 をオフにするとタイマ TLR1 が非通電となる。限時復帰型のため 2 つのタイマスイッチ TLR1 は即時に復帰はせず，**設定時間経過の後に**スイッチ TLR1 の a 接点と b 接点が**状態復帰**し，ランプは RL 消灯，WL 点灯となる。

(3) 基本論理回路とスイッチ制御

シーケンス制御回路においては，押しボタンスイッチや手動スイッチ，リレースイッチなど多くのスイッチ類が用いられ複雑になる。それらのスイッチ同士が直列もしくは並列に配置されている場合，**論理回路**（Logic Circuit）での考え方が用いられ，オン／オフという 2 つの状態を持つスイッチを複数組み合わせることで作り出されるさまざまな回路状態を把握することができる。論理回路の基本となるものには，論理和（OR）回路，論理積（AND）回路，論理否定（NOT）回路などが挙げられ，これらの回路を変形もしくは組み合わせていくことで複雑な論理回路が構築される。OR 回路の例と論理記号およびその真理値表を図 5.8 に，同じように AND 回路を図 5.9 に，NOT 回路を図 5.10 に示す。

論理記号とは，それぞれの基本論理回路を図示する際に用いられる図記号である。ここでは日本で定められた JIS 規格ではなく，アメリカで定められた MIL 規格のもので表記している。ある物事に関する記述について考えると，その内容に対して適合する（真）か間違っている（偽）かのどちらかを明確に言えるようなとき，その記述のことを命題と呼ぶ。たとえば「スイッチがオン」という命題の場合，スイッチがオンとなっているときは「真」，オフになっているときは「偽」となる。論理回路は電子回路で用いられることが多いため，「電圧は高い状態である」という命題もよく使われ，高い（H）状態なら「真」，低い（L）状態なら「偽」となる。これら命題の真偽によってその結果を表す

命題 Z の真偽が決まるとき，それらの命題の間には論理関係が存在することになる。論理和（OR）の論理関係の例を記述してみると，「スイッチ A がオン（命題 A）もしくはスイッチ B がオン（命題 B）のとき，ランプ Z は点灯する（命題 Z）」のようになる。命題に対して「真」の場合を「1」，偽の場合を「0」として，その論理回路の「真」と「偽」の状態をまとめた表が真理値表である。ここでシーケンスを例に当てはめると，真理値表の「1」をスイッチの「オン」もしくはランプの「点灯」，真理値表の「0」をスイッチの「オフ」もしくはランプの「消灯」と置き換えて考えればよい。

　図 5.8 の論理和（OR）回路はランプ Z に連なる 2 つの押しボタンスイッチの a 接点が並列接続されており，**2 つあるうちのどちらかのスイッチがオンとなればランプ Z が点灯する**。言い方を変えると，両方のスイッチがオフでなければランプは消灯しないということになる。このように命題 A と命題 B の最低どちらかが「真」のとき命題 Z も「真」となるような論理関係を論理和（OR）という。

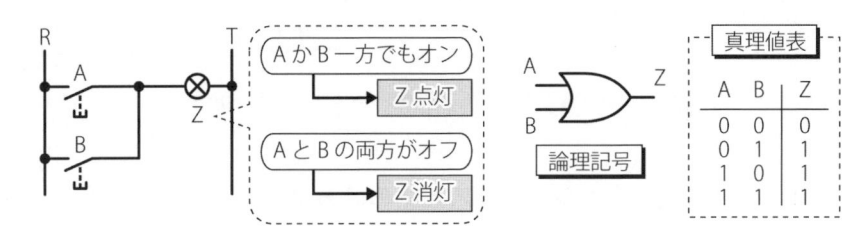

図 5.8　論理和（OR）回路例と論理記号，真理値表

　同じように図 5.9 の論理積（AND）回路は 2 つの押しボタンスイッチの a 接点とランプ Z がすべて直列に接続されている。そのため，**2 つのスイッチが両方ともオンにならなければランプ Z は点灯しない**。つまり，どちらかのスイッチがオフならばランプ Z は消灯状態となる。このように命題 A と命題 B の両方が「真」のときのみ命題 Z が「真」となるような論理関係を論理積（AND）という。

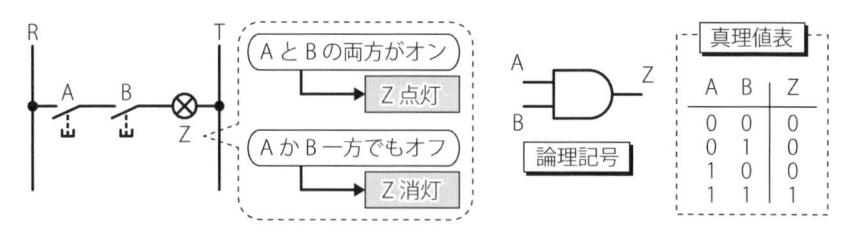

図 5.9　論理積（AND）回路例と論理記号，真理値表

　論理否定（NOT）回路となる図 5.10 は，ランプと並列に押しボタンスイッチの a 接点が接続されている。その**スイッチ A がオフのときランプは点灯し，スイッチ A がオンになるとランプ Z は消灯する**。このように命題 A が「真」のとき命題 Z は「偽」，命題 A が「偽」のとき命題 Z は「真」と，つねに反対の結果となる論理関係を論理否定（NOT）という。

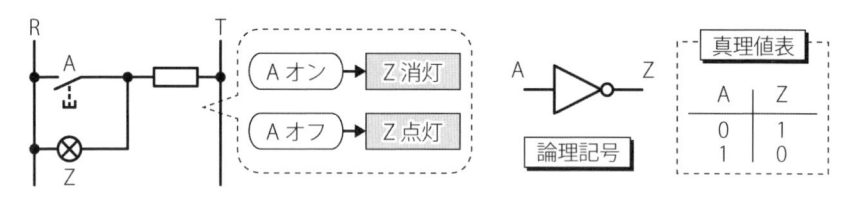

図 5.10　論理否定（NOT）回路例と論理記号，真理値表

(4)　部品点数が増加したシーケンス回路の読み取り

　ここまで紹介した回路は構成が単純で，多くても 2 つ程度の動作がわかれば理解可能であった。しかし部品点数が増加して回路が複雑になると，動作がわからない箇所，読み取り順の間違い，動作部品のチェック漏れなどが発生し，回路全体の動作理解の妨げとなる。シーケンス回路を読み取る際，まずスイッチやランプなどの初期状態をチェックする。次に始動などで操作する押しボタンスイッチなどを把握する。該当スイッチの操作以降の回路動作の読み取り方は以下のように行う。

　① 　スイッチの接点状態が変化することで通電，非通電が変わるリレーコイ

ルやランプ，その他の機器を挙げていく。
② ①で通電状態が変わったリレーコイルによって動作もしくは復帰する接点を列挙する。

基本はこの①と②を繰り返し行っていくと，順序を追って回路の動作を理解できる。また繰り返しのたびに動作説明の記述を分けると整理しやすい。自己保持などの特殊な動作も忘れず挙げるようにする。これらはほぼ同時に起こる機器の動作を列挙したものとなる。次にタイマリレーが存在した場合には設定時間による遅れが生じるため，設定時間後に起こる動作を挙げていく。

③ 設定時間後，スイッチの接点状態が変化することで通電，非通電が変わるリレーコイルやランプ，その他の機器を挙げていく。
④ ③で通電状態が変わったリレーコイルによって動作もしくは復帰する接点を列挙する。

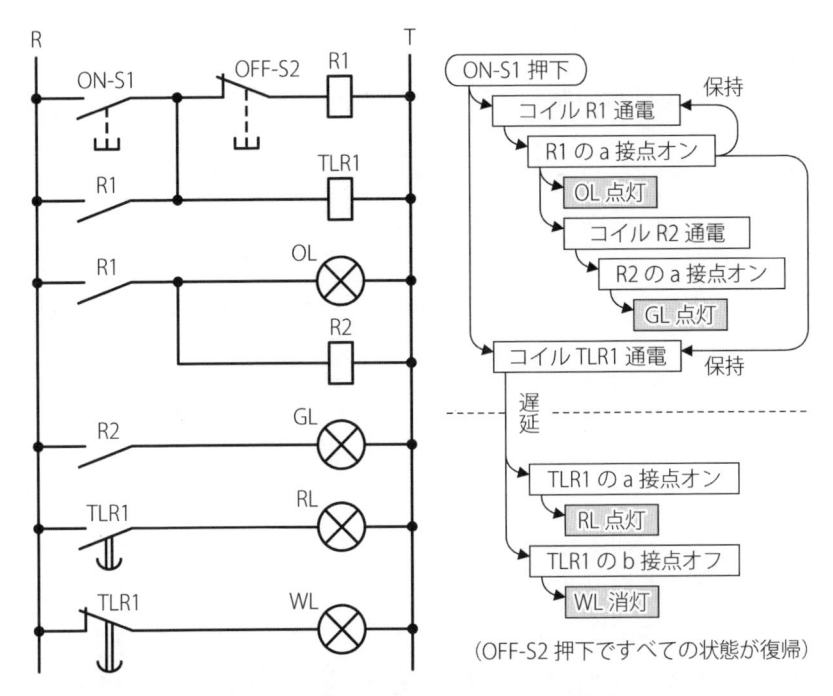

図 5.11　部品点数の多いシーケンス回路例

部品点数を増やした回路の例を，図 5.11 に示す。上記の読み取り方に従って回路の動作を順にチェックする。最初に押しボタンスイッチ ON-S1 を押すと，コイル R1 と TLR1 が通電となる。TLR1 は限時動作型のため動作説明は後述とし，リレーコイル R1 通電により 2 つのリレースイッチ R1 の a 接点がオンとなる。このことによって OL 点灯，リレーコイル R2 通電となる。リレーコイル R2 通電により，リレースイッチ R2 の a 接点がオンになって GL が点灯する。ここまでは前述した①と②の手順で動作を列挙したものである。あとは設定時間経過後の動作を列挙すると，ON-S1 を操作したことによる一連の動作の説明となる。

　押しボタンスイッチ OFF-S2 を押すことによって回路は元の状態となるが，どのような流れで回路状態が元に戻っていくかを理解することが重要である。

5.3　シーケンス制御応用回路

(1)　三相誘導電動機の始動／停止回路

　シーケンス制御が最も応用されている機器の一つが電動機である。ここでは電動機を対象とした，実際に用いられているシーケンス制御回路を紹介し，それらの複雑なシーケンス回路を読み解いていく。三相誘導電動機の始動および停止を行うためのシーケンス制御回路例を図 5.12 に，そのシーケンス制御回路図中で使用されている機器や機能を表した文字記号を表 5.3 に示す。

　回路図の変圧器 T から左半分，三相交流から遮断器や電磁接触器スイッチ，熱動過電流リレーヒータを介して三相誘導電動機が接続されている。この部分が**主回路**と呼ばれ，一般的には大きな電力を扱う。それに対して T から右半分がシーケンス制御回路となっている。シーケンス制御回路の電源は，主回路の三相中の二相から変圧器によって変圧したものとなっている。直接接続する場合や，ヒューズを配置する場合もあるが，変圧器が用いられるのは 440 V 系から 100 V に変圧する場合などが多く，絶縁のみを目的とする場合もある。こ

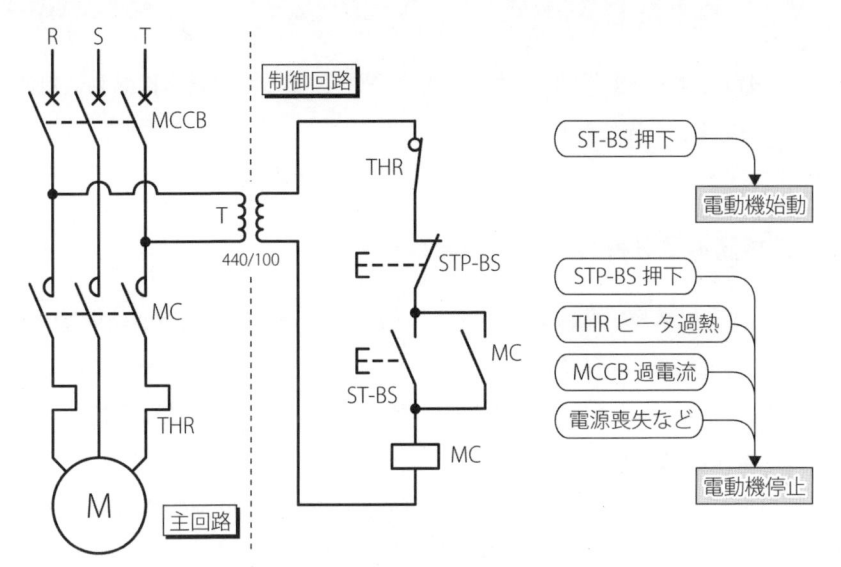

図 5.12　三相誘導電動機の始動／停止回路

の回路図は主回路，制御回路共に縦書きで書かれている。また，電動機の始動方法は全電圧始動となっている。ここで，始動用押しボタンスイッチ ST-BS を押した場合のシーケンス動作を説明すると以下のようになる。なお，これ以降の回路例では MCCB はオンとなっていることを前提に説明する。

表 5.3　シーケンス回路の文字記号

記号	機器または機能
MCCB	配線用遮断器
THR	熱動過電流リレー
MC	電磁接触器
T	変圧器
BS	ボタンスイッチ
TLR	限時リレー
ST	始動
STP	停止

① 　始動用押しボタンスイッチ ST-BS を押すと，電磁コイル MC が通電
② 　リレースイッチ MC の a 接点がオンになり，自己保持回路となる
③ 　上記 2 つと同時に電磁接触器スイッチ a 接点がオンとなり，電動機始動

電動機が停止するのは次に挙げる 4 つの場合となる。

- 停止用押しボタンスイッチ STP-BS を押す。
- 熱動過電流リレー THR のヒータ過熱により手動復帰スイッチ THR がオ

- 過電流により配線用遮断器 MCCB が遮断となるが，通常は熱動過電流リレーのほうが先に動作。
- 主回路もしくは制御回路の電源喪失ほか，機器の故障など。

(2) 三相誘導電動機のリアクトル始動回路

図 5.13 に三相誘導電動機のリアクトル始動のシーケンス制御回路❷を示す。上半分が主回路，下半分が制御回路であり，両方とも横書きとなっている。リアクトルとはコイルを利用したもので，誘導性リアクタンス成分を持つため，交流電流が流れにくくなる働きを持つ。

始動用押しボタンスイッチ ST-BS を押すと，電磁コイル MC が通電し，ST-BS と並列接続されているリレースイッチ MC の a 接点がオン，自己保持回路となる。それと同時に主回路側の電磁接触器スイッチ MC の a 接点がオンとなり，**リアクトル X を介して始動電流を制限されつつ三相誘導電動機が始動する**。時を同じくして，タイマ TLR が通電しているため，タイマが動作を開始する。タイマの設定時間が経過すると，限時動作接点 TLR の a 接点がオンとなり，電磁コイル MCS が通電，電磁接触器スイッチ MCS の a 接点がオンとなり，主回路中のリアクトル X の両端を短絡する形で接続される。リアクトル X 両

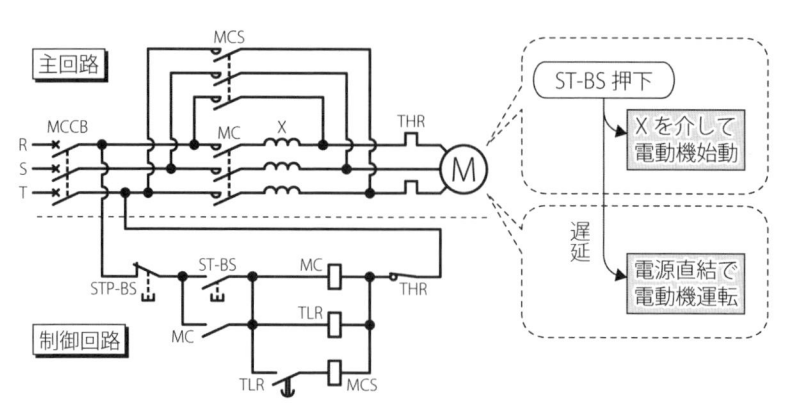

図 5.13 三相誘導電動機のリアクトル始動回路

端の短絡により，三相誘導電動機にはスイッチ MCS 経由で直接電流が流れるため，**リアクトル X による電流制限を受けることがない通常運転状態**となる。

(3) 三相誘導電動機の Y-Δ（スターデルタ）始動回路

図 5.14 は，三相誘導電動機の Y-Δ（スターデルタ）結線を切り替えて自動始動するシーケンス制御回路図❷である。回路図中には機器の種類や機能を文字記号で表しているが，図 5.14 では文字だけではなく番号が多く用いられている。これは機器の用途や機能を番号で表す日本電機工業会規格に基づいた**制御機器番号**によるものとなっている。表 5.4 に関連し

表 5.4　制御機器番号

番号	機器
2	限時リレー
3	操作スイッチ
8	制御電源スイッチ
51	過電流リレー
88	補機用スイッチ類
89	負荷開閉器

た制御機器番号を抜粋して紹介する。また船舶では JIS 旧記号が用いられているため，図 5.14 の JIS 新記号で描かれたシーケンス図を JIS 旧記号に表記し直したものを図 5.15 に示す。図 5.14 中の始動用押しボタンスイッチ 3ST を押した後，電動機が Y 結線で始動し，Δ 結線で運転するシーケンス動作は以下のようになる。なお遮断器 89（MCCB）は閉じられている状態を前提として説明する。

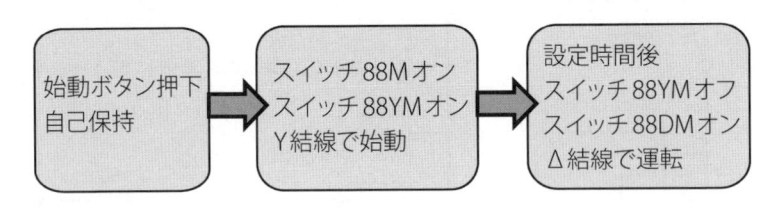

```
始動ボタン押下      スイッチ 88M オン       設定時間後
自己保持      →    スイッチ 88YM オン   →  スイッチ 88YM オフ
                   Y 結線で始動           スイッチ 88DM オン
                                          Δ 結線で運転
```

① 始動用押しボタンスイッチ 3ST を押すと電磁コイル 8 が通電し，スイッチ 3ST と並列に接続されているスイッチ 8 の a 接点がオンとなり自己保持される。同時に電磁コイル 88M と直列に接続されている 8 の a 接点もオンとなるので，電磁コイル 88M と 88YM が通電する。

② 電磁コイル 88M の通電により 2 つのスイッチ 88M の a 接点がオンとなってランプ GL が点灯し，タイマ T も通電する。電磁コイル 88M と 88YM

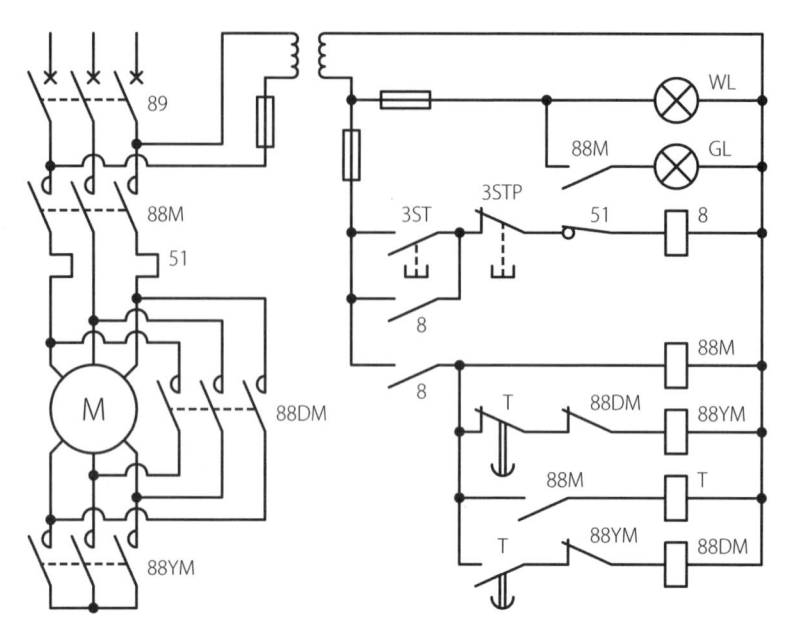

図 5.14 三相誘導電動機の Y-Δ（スターデルタ）始動回路（新記号）

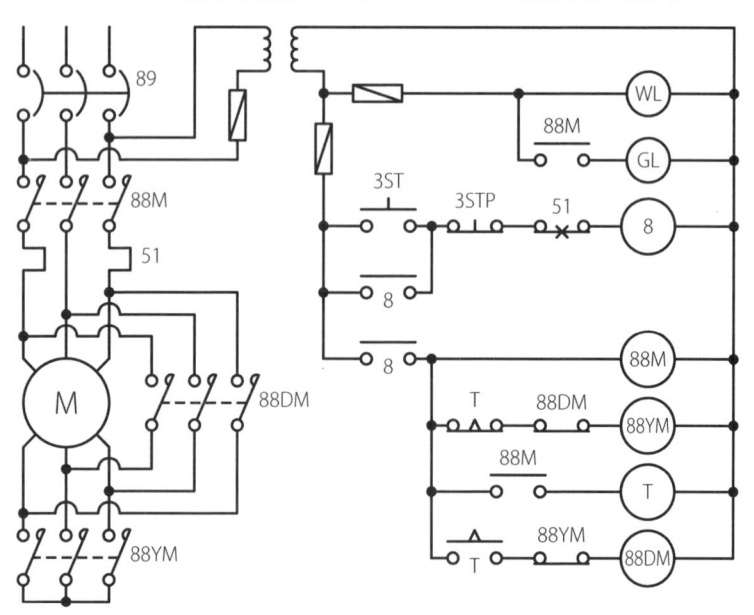

図 5.15 三相誘導電動機の Y-Δ（スターデルタ）始動回路（旧記号）

の通電により，主回路の電磁接触器スイッチ 88M および 88YM がオンとなり，三相誘導電動機はタイマが設定されている一定時間の間，Y 結線で始動する。

③　タイマの設定時間が経過すると電磁コイル 88YM に直列に接続されているタイマスイッチ T の限時動作 b 接点がオフとなり，88YM が非通電となる。同時に電磁コイル 88DM に直列に接続されている限時動作 a 接点と 88YM の b 接点がオンとなる。そのことにより電磁コイル 88DM が通電して主回路のスイッチ 88DM がオンとなり，三相誘導電動機は Y 結線から Δ 結線に切り替わって運転される。このとき，88YM および 88DM の b 接点がそれぞれ電磁コイル 88DM および電磁コイル 88YM に直列に接続されているので，電磁コイル 88YM と電磁コイル 88DM が同時に通電することはない。このように，スイッチなどを利用して，一方の機能が動作している間，もう一方の機能を同時に動作させないことを，**インターロック機能❷** と呼ぶ。

ここまでの三相誘導電動機の Y-Δ（スターデルタ）始動回路の動作説明①〜③を，図 5.14 と同様のシーケンス回路図中に書き加え，図 5.16(a)〜(c) とする。

運転中，電動機に過電流が流れた場合，熱動過電流リレーヒータの温度が上昇し，非自動（手動）復帰接点である熱動過電流リレースイッチの b 接点が動作することで電動機は自動停止する。そのシーケンス動作を説明する。

①　電動機に過電流が流れると，51 の熱動過電流リレーが作動し，電磁コイル 8 に直列に接続されている 51 の b 接点がオフとなり，電磁コイル 8 が非通電となる。

②　電磁コイル 88M に直列に接続されている a 接点がオフとなるので，電磁コイル 88M，88YM，88DM，およびタイマ T がすべて非通電となる。

③　主回路の電源スイッチ 88M，88YM，88DM がすべてオフ状態となり，電動機は停止する。同時に GL は消灯する。

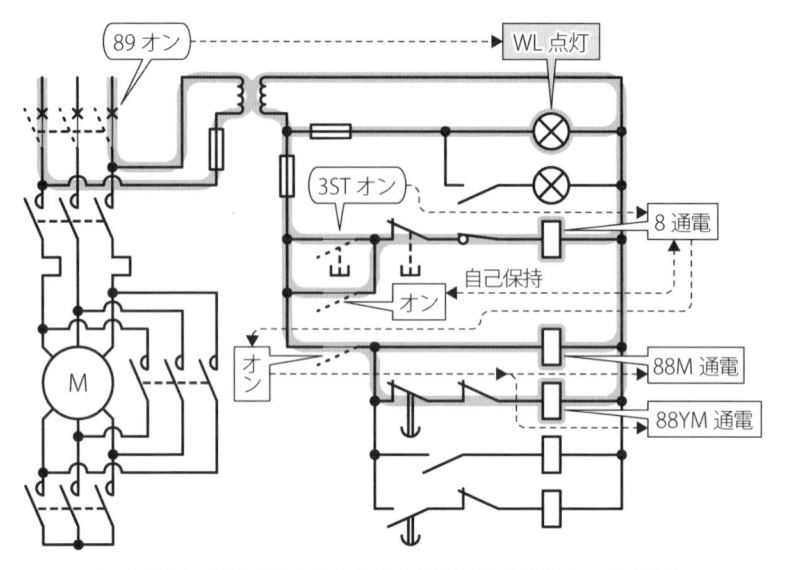

図 5.16(a) 始動ボタンの操作と自己保持およびリレー 8 の動作

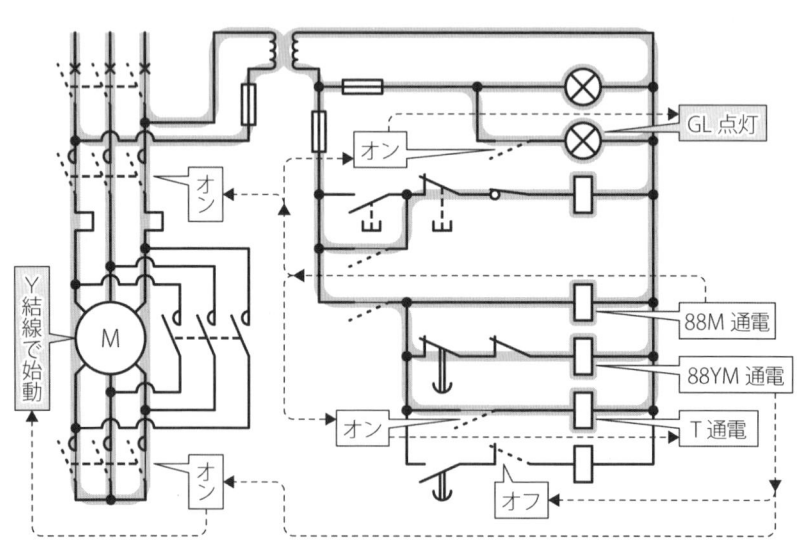

図 5.16(b) 電動機の Y 結線での始動（タイマ設定時間まで）

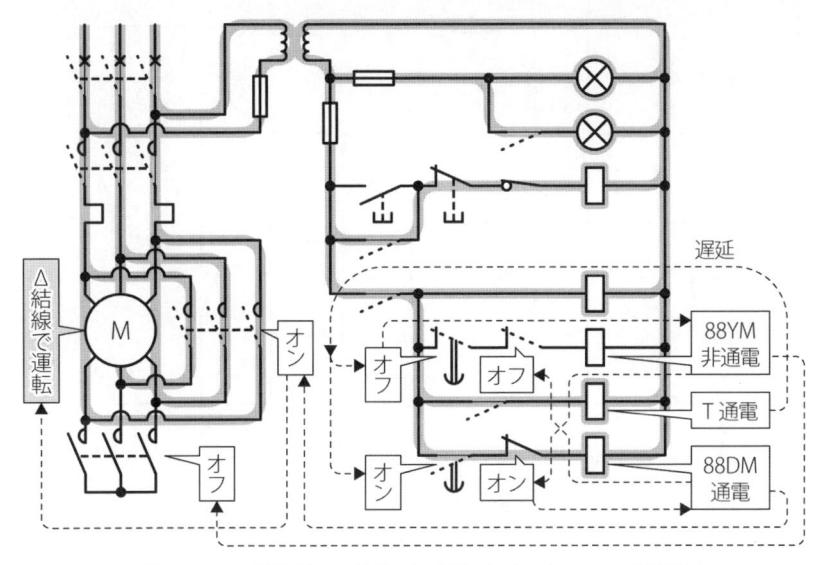

図5.16(c)　電動機のΔ結線での運転とインターロック機能

(4) 三相誘導電動機の電源喪失後の復帰シーケンス回路

　図 5.17 は三相誘導電動機の始動と停止に加えて，電源喪失後の復帰を行うシーケンス制御回路❷である。電動機の始動方法は全電圧始動となっている。この回路には 4 つの手動（非自動）復帰スイッチ 6 が用いられているため，運転中の電源喪失時には接点動作状態を保持することで，電源復帰時に動作するシーケンスを設定することが可能となる。手動復帰接点は，電磁コイルの非通電では接点状態は復帰せず，接点動作用のコイル 6C と接点復帰用のコイル 6T を使い分ける。このような電磁リレーをキープリレーという。

　このシーケンス回路のスイッチ操作による始動シーケンスと，スイッチ操作による停止および熱動過電流リレーが作動したときの停止シーケンスは以下のような動作となる。

　① 　始動用押しボタンスイッチ 3ST を押すと，電磁リレー 88 と 6C が通電し，主回路側の電磁接触器スイッチ 88 がオンとなり，三相誘導電動機は

175

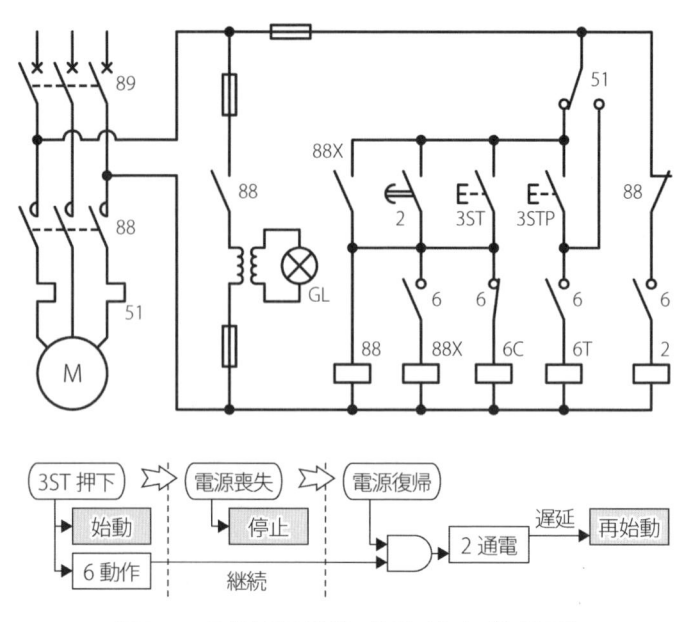

図5.17　三相誘導電動機の始動／停止／復帰回路

始動，同時にランプ GL も点灯する。

② 電磁コイル 6C の通電によってすべての手動復帰スイッチ 6 が動作して接点状態が変化する。このことにより電磁コイル 88X が通電し，押しボタンスイッチと並列に接続されているスイッチ 88X の a 接点がオンとなり自己保持される。

③ 電動機の運転中に停止ボタン 3STP を押す，もしくは熱動過電流リレー 51 が作動したとき，電磁コイル 6T と直列の手動復帰スイッチ 6 はオンのまま保持されているため，電磁コイル 6T が通電し，すべてのスイッチ 6 が復帰する。電磁コイル 88X が非通電となり，スイッチ 88X がオフ，電磁コイル 88 が非通電となるため主回路スイッチ 88 がオフして電動機は停止する。

電動機が運転しているときに一時的に電源喪失した後に再び復帰する場合，手動復帰スイッチ 6 が動作状態のまま保持されていることが，単なる始動前状

態とは大きく異なる点である。このことから，運転中電源喪失後に電源復帰したときのシーケンスを説明する。

① タイマ 2 と直列に接続されているスイッチ 6 の a 接点とスイッチ 88 の b 接点はともにオンであることから，タイマ 2 は通電する。
② タイマの設定時間が経過すると，タイマスイッチ 2 の限時動作 a 接点が動作しオンとなる。このことにより電磁コイル 88 と 88X が通電し，スイッチ 88X オンにより自己保持されつつ，主回路側の電磁接触器スイッチ 88 がオンとなり，三相誘導電動機は再始動する。

これまで三相誘導電動機の動作を制御するシーケンス制御回路の例を挙げて説明を行ってきた。実用されている既製の回路は始動盤などに組み込まれ，回路の配線がどのように接続されているかを確認することは難しい。図 5.18 に示すシーケンス制御回路実習装置では，その場で回路の配線を行って回路動作を確認することができるため，多くの学校や実習船で用いられている。

図 5.18　シーケンス制御回路実習装置（JRCS 製）

機関長の仕事

① 船長の補佐を行い，船舶の海洋環境保全と安全運航，省エネ運航の計画実施責任者
② 機関全般の管理責任者
③ 船舶の保船，付属機器全般の保守管理責任者
④ 燃料油の管理責任者
⑤ 潤滑油の管理責任者
⑥ 船舶検査の計画と実施
⑦ 入渠工事の発注，工事，完工の監督責任者
⑧ 保船にかかわる部品供給，発注，受領にかかわる監督責任者
⑨ 海難事故対応（機関関係）
⑩ 機関職部員の労務，安全衛生の監督責任者
⑪ ISMの運用，維持，管理
⑫ 新造船工事関係監督，検査立会い，陸上試運転，海上試運転立会い

CHAPTER 6

パワーエレクトロニクス

　我々の身の回りには多くの**電子回路**（Electronic Circuit）が用いられており，その動作の中核を担っている素子が**半導体**（Semiconductor）である。半導体を組み合わせて発明されたトランジスタにより急発展を遂げた電子回路技術は，電力系分野にも影響を及ぼし，近年においては半導体によって電力を制御する**パワーエレクトロニクス**（Power Electronics）という分野が確立された。この章では半導体の基礎と電力系への応用について学ぶ。

6.1　電力用半導体

(1)　真性半導体

　電気材料は，大きく分けると導体と絶縁体そして半導体の3つに分けられる。これらは抵抗率で分類することができ，各々のおおよその値は導体が 10^{-8}〜10^{-4} [Ωm]，絶縁体が 10^{6}〜10^{18} [Ωm]，半導体が 10^{-2}〜10^{5} [Ωm] となる。半導体の抵抗率は導体と絶縁体の中間の値となっており，代表的な材料としては Si（シリコン）と Ge（ゲルマニウム）が挙げられる。不純物が含まれない Si や Ge のみの単結晶を**真性半導体**（Intrinsic Semiconductor）という。

　ある物質が電気を持つことを**帯電**，帯電した物質が持つ基本的な電気量のことを**電荷**という。物質を構成している原子の中心には正の電荷を持った原子核が存在し，負の電荷を持った**電子**（Electron）がその外

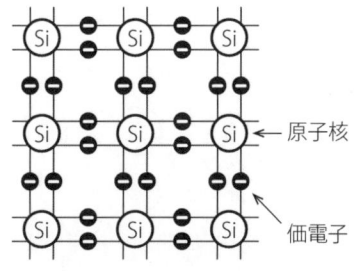

図6.1　シリコンの共有結合

周に配置されている。ここで Si を例にとって説明すると，Si は最外殻に配置されている電子である**価電子**を4つ持っており（このことを4価という），図 6.1 に示されるように隣り合うシリコン原子と 1 つずつ電子を出し合って共有する，**共有結合**（Covalent Bond）という安定した構造で結晶となっている。

(2) n 形半導体と p 形半導体

価電子は不安定な状態で原子の最外殻に配置されており，そのままでは結晶中を自由に移動する**自由電子**になりやすく，共有結合により安定した状態となる。価電子が原子から離れ自由電子となった場合，その電子が出ていったあとを**正孔**（Hole）と呼び，正の電荷を持った粒子として考える。正孔の周囲に自由電子や価電子が存在するとき，正孔と電子は電荷間に働く力であるクーロン力によって引き寄せられて再結合し，価電子のあった場所は新たな正孔となる。これら自由電子や正孔を，電荷を運ぶものとして**キャリア**（Carrier）と呼び，正負の電荷を持つ正孔と自由電子の移動が**電流**となる。電流の方向は正孔の移動と同方向，自由電子の移動と逆方向と定義されている。

Si などの結晶中に不純物を混入させたものを不純物半導体と呼ぶ。Si 結晶に少量の Sb（アンチモン）を加えた状態を図 6.2 に示す。最外殻に 5 つの価電子を持つ 5 価の原子である Sb と多数の Si とが共有結合の形を取った場合は，Sb の価電子が 1 つ余剰となる。このような状態の半導体を，負電荷（Negative Charge）が多いことから **n 形半導体**（N Type Semiconductor）とい

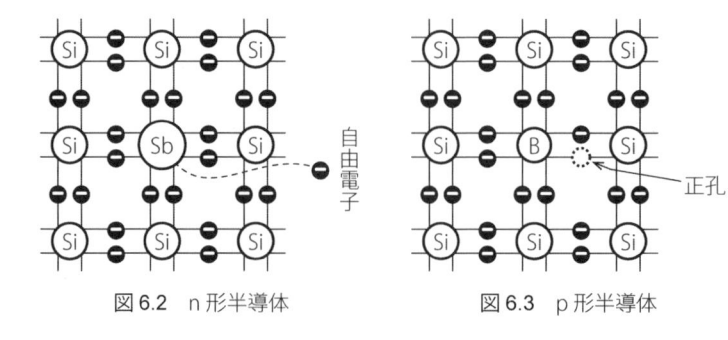

図 6.2　n 形半導体　　　　図 6.3　p 形半導体

う。同様に少量の B（ホウ素）を Si に加えたときの共有結合の場合，B が 3 価の原子であるため共有結合中に正孔が存在するようになる。正電荷（Positive Charge）が多い半導体は **p 形半導体**（P Type Semiconductor）と呼ばれ，その共有結合の状態を図 6.3 に示す。

(3) 整流ダイオード

p 形半導体と n 形半導体とを接合させることを **pn 接合**といい，各種デバイスを形成する際に用いられる。最も基本的な pn 接合デバイスが**ダイオード**（Diode）であり，その図記号と構造を図 6.4 に示す。p 形部に接続されている電極が陽極という意味を持つ**アノード**（Anode），n

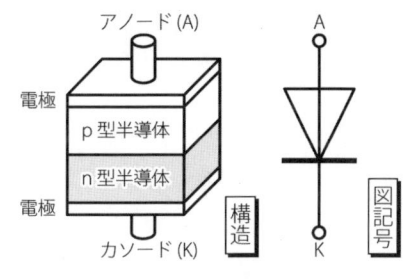

図 6.4 ダイオードの構造と図記号

型部の電極が陰極の意味の**カソード**（Kathode）という端子名称となっている。このデバイスは電流の流れを整えるという意味の**整流作用**という性質を持ち，アノードからカソードの一方向にしか電流を流さない。そのため交流から直流への変換に利用されることが多い❷。

アノードにカソードより高い電圧がかかっているとき，その電圧の方向を順方向電圧といい，アノードの電圧がカソードより低い電圧となっている場合は逆方向電圧という。ダイオードに順方向電圧をかけたときの回路図と構造図を図 6.5 に示す。アノード側の電圧が高いため，n 形半導体中の電子が p 形半導体方向へ移動する。同様にカソード側の電圧が低いことにより，正孔は p 形から n 形方向へ移動する。これらが合わさって，ダイオード中にアノードからカソードに向かう**順方向電流**が流れる。図 6.6 はダイオードに逆方向電圧をかけたときの回路図と構造図である。p 形半導体中の正孔はアノード側へ，n 形半導体中の電子はカソード側へかたよった状態となる。そのため pn 接合付近には電子と正孔が少ない状態となる**空乏層**が形成され，正孔や電子の移動による電流の流れはなくなる。

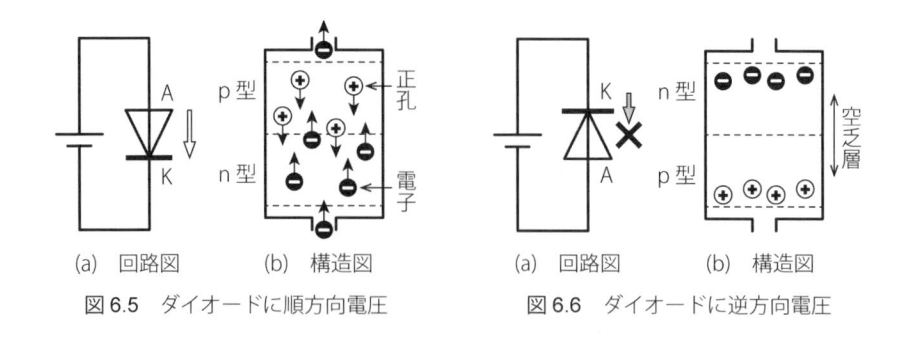

(a) 回路図　　(b) 構造図
図 6.5　ダイオードに順方向電圧

(a) 回路図　　(b) 構造図
図 6.6　ダイオードに逆方向電圧

ダイオードにかかる電圧に対する電流の特性グラフ❷を図 6.7 に示す。ダイオードに順方向電圧がかかっている領域では順方向に電流が流れ，いわゆる**オン状態**になっていることがわかる。この順方向電流の増加は非常に大きいため，図 6.5 のような順方向電流を流すだけの回路には保護用の抵抗を直列に配置するのが一

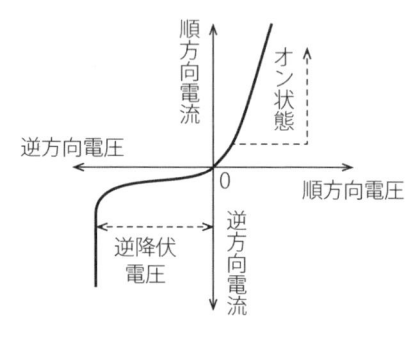

図 6.7　ダイオードの電圧-電流特性

般的となる。ダイオードに逆方向電圧がかかっている領域ではほとんど電流は流れないが，一定以上の逆電圧を超えると急に電流が流れ始める点がある。この現象は**降伏現象（ツェナー現象）**❷といい，現象が起こる電圧を**（逆方向）降伏電圧**という。ある一定の逆電圧で電流が流れ始める特性は簡易な定電圧回路に応用される。降伏電圧の値を明示して，積極的にこの現象を利用する素子を**ツェナーダイオード**という。

(4)　サイリスタ

3 つの接合面を持つ pnpn の 4 層の構造となったデバイスのことを一般的には**サイリスタ**（Thyristor）と呼び，その図記号と構造を図 6.8 に示す。ダイオードと同様に，サイリスタの両端となっている p 層にはアノード端子，n 層にはカソード端子が接続されている。中間層となっている p 層にはゲート（Gate）

端子が接続されている。サイリスタのアノード-カソード間に，順方向電流 I_A が流れ始める条件として，1つ目は「**順方向電圧がかかる**」，2つ目は「**ゲート端子に電流 I_G が流れる**」となり，この2つの条件を両方満たすとサイリスタは**オン状態**となり I_A が流れ始める。一度オンとなったのちはゲート電流 I_G が流れ

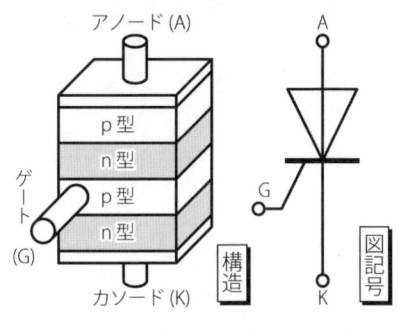

図 6.8 サイリスタの構造と図記号

ていなくても I_A は流れ続け，I_A がゼロになるとサイリスタは**オフ状態**となる。ここで，オフ状態からオン状態となることを**ターンオン（点弧）**，オン状態からオフ状態となることを**ターンオフ（消弧）**という❷。

図 6.9 にサイリスタの電圧-電流特性を示す。順方向にある一定以上の電圧をかけると順方向に電流が流れ始め，ターンオンする。その電圧のことを**ブレークオーバー電圧**という。サイリスタにゲート電流 I_G を流すと，ブレークオーバー電圧より小さい順方向電

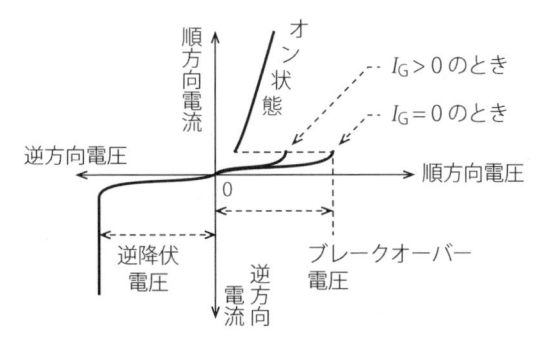

図 6.9 サイリスタの電圧-電流特性

圧でターンオンし，順方向に電流が流れ始める。このゲート電流 I_G はサイリスタをターンオンするきっかけ（トリガ）となるため，**トリガ電流**とも呼ばれる。またサイリスタにはダイオードと同じように逆降伏電圧が存在し，その電圧は**ブレークダウン電圧**ともいう。

前述したようにサイリスタは順方向電流 I_A がゼロにならないとターンオフしない。そのため直流電源のもとでサイリスタを用いる場合は，消弧回路と呼ばれるようなサイリスタ電流をゼロとする回路が必要となることがある。ただ，交流電源で用いる場合は，一定周期ごとの電圧の反転にあわせて電流もゼロと

(a) サイリスタ回路図

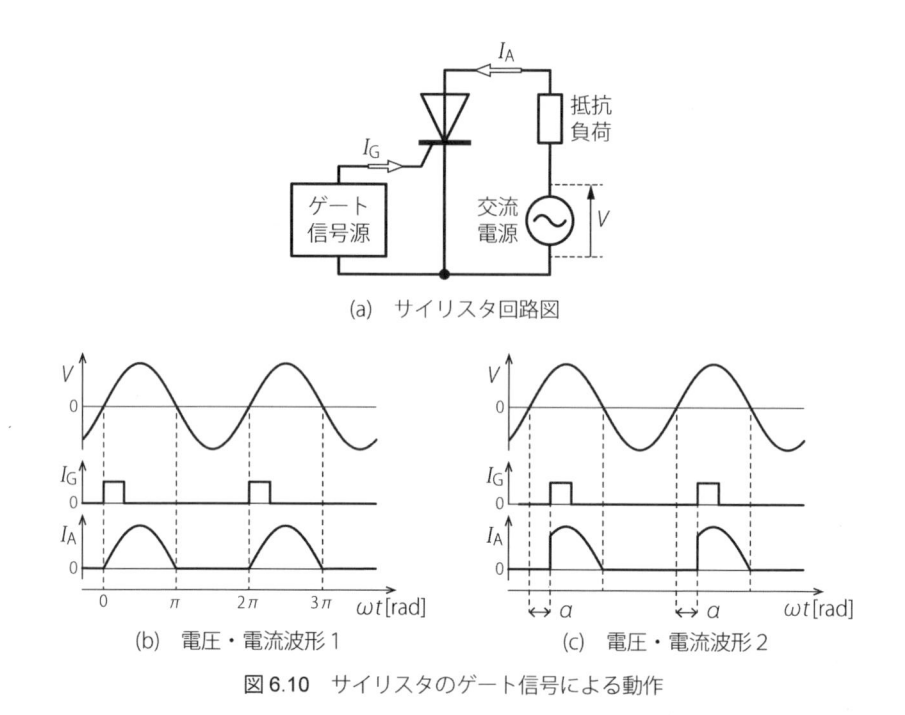

(b) 電圧・電流波形1

(c) 電圧・電流波形2

図6.10 サイリスタのゲート信号による動作

なるため，消弧回路は不要となる．図 6.10 は，(a) がサイリスタの交流電源との接続回路図，(b) と (c) が電圧および電流の交流電源角度に対する波形である．回路は交流電源とサイリスタ，負荷が直列に接続されており，ゲート電流 I_G を制御する**ゲート信号**源がサイリスタに接続されている．(b) の波形では交流電源電圧 V が正電圧となる箇所とタイミングを同じくして I_G が流れ始めている．そのため V が正電圧になると同時にサイリスタ電流 I_A が流れ，V が負電圧になると I_A はゼロになっている．それに対して (c) の波形は V に対して I_G が角度 α [rad] だけずれて流れ始めている．そのため，V が負電圧のときに I_A がゼロになるのは (b) と同一だが，V が正電圧となってから角度 α までは I_A が流れ始めず，負荷に流れる電流は (b) の波形と比べて減少していることがわかる．この α を変化させると，負荷電流をサイリスタによって制御できる．このようにサイリスタのターンオンするタイミングを，角度を指標にして制御することを**サイリスタの点弧角制御**❷という．

(5) トランジスタ

半導体を 3 層構造とし，2 つの接合面を持った素子を**トランジスタ**（Transistor）という。n 形半導体 2 層に p 形半導体が挟まれたものが **npn 形トランジスタ**，その逆の組み合わせが **pnp 形トランジスタ**と呼ばれる。図 6.11 と図 6.12 はそれぞれのトランジスタの図記号と構造である。

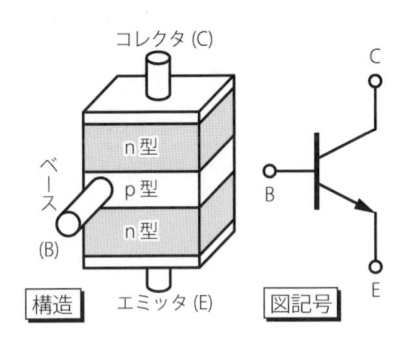

図 6.11　npn 形トランジスタ

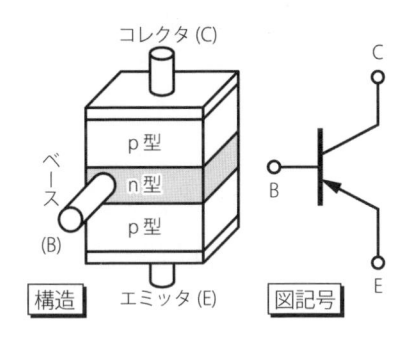

図 6.12　pnp 形トランジスタ

電力用途によく用いられる npn 形を例にとってトランジスタの動作を説明する。npn 形トランジスタのベース-エミッタ間に電圧を加えて順方向電流を流すとキャリアの移動が起こる。そのときコレクタ-エミッタ間に順方向電圧が加わっていると，キャリアが CE 間で移動し，C から E へ向けた順方向電流が流れる。言いかえると，トランジスタはベース電流によって CE 間がオン／オフする。このことを**スイッチング**（Switching）という。図 6.13 は**エミッタ接地❷**と呼ばれるトランジスタの接続方法で，電流と電圧ともに大きな増幅が可能な回路となっている。図中では npn 形トランジスタが用いられている。ベース電流 I_B が流れるとコレクタ電流 I_C が流れ，それらが合わさったものがエミッタ電流 I_E となる。ゆえに各端子の電流の関係は以下の式で表される。

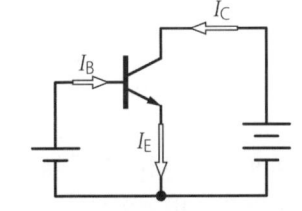

$$I_E = I_B + I_C \quad [\mathrm{A}] \qquad (6.1)$$

図 6.13　トランジスタのエミッタ接地回路

またベース電流 I_B とコレクタ電流 I_C の増幅比をエミッタ接地直流電流増幅率 h_{FE} として表すと，以下のような関係となる．

$$h_{FE} = \frac{I_C}{I_B} \tag{6.2}$$

h_{FE} は数十などの大きな値で，小さいベース電流の入力に対して大きなコレクタ電流が出力される❷．この他の接続方式として**コレクタ接地**と**ベース接地**があり，エミッタ接地とは違う特性を持つため，用途に合わせて利用される❷．

トランジスタはベース電流によってコレクタ電流を制御する，電流制御形のデバイスということができる．それに対して，加える電圧によって電流を制御できる，電圧制御形のデバイスが FET（Field Effect Transistor，電界効果トランジスタ）である．図 6.14 の図記号で表されるデバイスが金属と酸化物を組み合わせて作られた FET である MOS（Metal Oxide Semiconductor，金属酸化物）FET，図 6.15 の図記号で表されるデバイスが MOSFET とトランジスタを組み合わせた IGBT（Insulated Gate Bipolar Transistor，絶縁ゲート形バイポーラトランジスタ）である．これらの素子は，より高速，大電流，高電圧用途として現在用いられている．

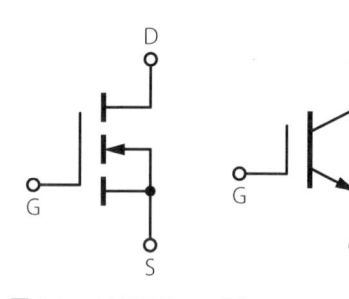

図 6.14　MOSFET 図記号　　図 6.15　IGBT 図記号

6.2　整流回路と順変換

現在，発電や送電においては交流電源が主となっているが，電子機器や電池類など直流電源を必要とする機器も多く，交流の周波数変換などもいったん直流とすることが多い．交流から直流へ変換する回路を**整流回路**（Rectification Circuit）といい，図 6.16 に示されるように交流電源を変圧器（トランス）で変圧し，その交流出力を整流回路で直流に変換した後，平滑回路で平坦な直流として負荷に直流電源を供給する．

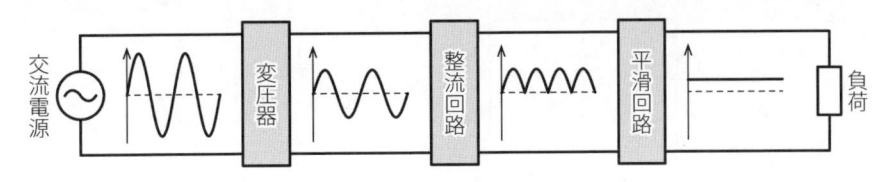

図 6.16　整流回路の役割

（1）　単相半波整流回路

単相交流電源をダイオード 1 つで整流した場合，交流電源とダイオード，そして負荷を直列接続した図 6.17 の回路となる。その負荷電圧波形は，図 6.18 に示されるように正電圧となる期間（半周期）のみを切り取ったような形となることから，**半波整流回路**と呼ばれる。

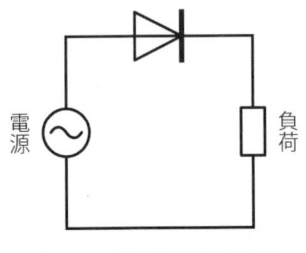

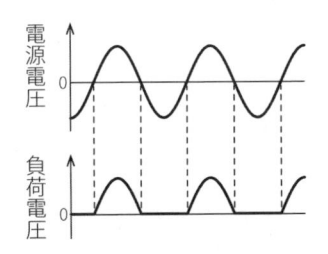

図 6.17　単相半波整流回路　　図 6.18　単相半波整流電圧波形

この単相半波整流回路の入力交流電圧実効値を V，瞬時値を v（$=\sqrt{2}V\sin\omega t$）とすると，出力平均電圧 V_d は以下の式で求められる。

$$V_\mathrm{d} = \frac{1}{2\pi}\int_0^\pi \sqrt{2}V\sin\omega t\,d\omega t = \frac{\sqrt{2}}{\pi}V = 0.45V \quad [\mathrm{V}] \tag{6.3}$$

（2）　単相全波整流回路

図 6.19 に示されるように，ダイオード 4 つを用いた回路を**全波整流回路**と呼ばれる。この回路は正電圧のときは D_1 と D_4 が，負電圧のときは D_2 と D_3 が導通し，負荷電圧波形は図 6.20 のように負電圧が反転して全周期で正電圧

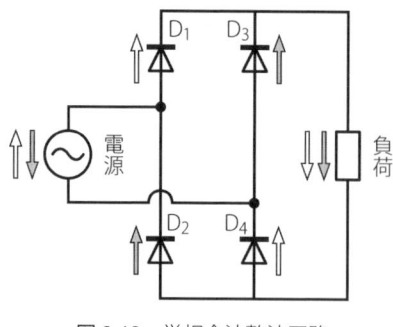

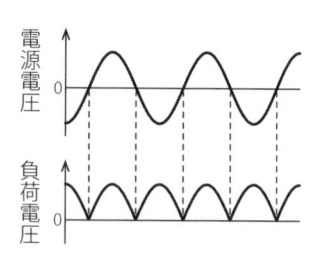

図 6.19　単相全波整流回路　　図 6.20　単相全波整流電圧波形

の波形となる。

この単相全波整流回路の出力平均電圧 V_d は以下の式で求められる。

$$V_d = \frac{1}{\pi}\int_0^\pi \sqrt{2}V\sin\omega t \, d\omega t = \frac{2\sqrt{2}}{\pi}V = 0.9V \quad [\text{V}] \tag{6.4}$$

(3) 三相全波整流回路

交流電源が三相交流であるとき，ダイオード 3 つで三相半波整流回路となる。これを全波整流回路とするには，図 6.21 の回路図のようにダイオード 6 つを用いる。それら 6 つのダイオードは，三相交流電源の線間電圧 V_{ab}, V_{bc}, V_{ca} の電圧状態によって 6 通りの導通パターンが存在する。線間電圧波形と負荷電

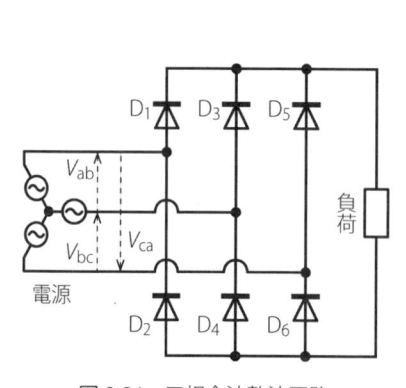

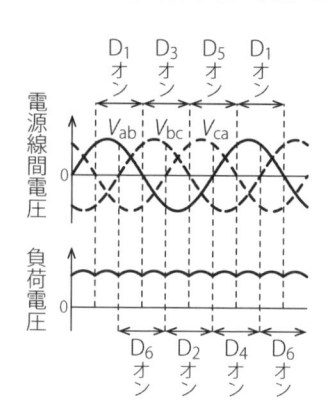

図 6.21　三相全波整流回路　　図 6.22　三相全波整流電圧波形と導通パターン

圧，ダイオード導通パターンを図 6.22 に示す。V_{ab} が正方向に最大となっているときは D_1 と D_4 がオン，V_{ca} が負方向に最大となっているときには D_1 と D_6 がオン，V_{bc} が正方向に最大となるときは D_3 と D_6 がオンといったように，6 通りのダイオード導通パターンが $2\pi/6\,[\text{rad}]$ ごとに変化することで三相交流の全波整流となる。線間電圧 V_{ab} が最大となる期間から，この三相全波整流回路の出力平均電圧 V_d は次の式で求められる。

$$V_d = \frac{3}{\pi}\int_{\pi/6}^{3\pi/6}\sqrt{2}V_{ab}\sin\left(\omega t + \frac{1}{6}\pi\right)d\omega t = \frac{3\sqrt{2}}{\pi}V_{ab} = 1.35V_{ab} \quad [\text{V}] \quad (6.5)$$

ここまで紹介した整流回路のような交流電源を直流電源に変換する回路または図 6.16 のような構成回路全体は，**順変換装置**もしくは（AC-DC）**コンバータ**（Converter）と呼称される。また，直流電源を別の直流に電圧変換する装置も DC-DC コンバータと呼ばれ，多くの回路方式が存在する。

(4) DC-DCコンバータ

現在，多くの電気機器には半導体による電子回路が組み込まれており，その動作には直流電源が必要となる。家庭や工場，船舶での電源は交流電源が主となるので，電子回路を動かすために交流から直流に変換する必要がある。また太陽電池や燃料電池，各種の一次／二次電池は直流の電源となるが，それぞれに電圧・電流の値が定まっている。交流電源からの AC-DC 変換や電池の直並列接続では，回路の制限や電池性能により，電子回路などから要求されるさまざまな直流を安定して取り出せない。種々の安定した直流をつくり出すために必要となるのが，直流から直流へ変換する DC-DC コンバータである。

DC-DC コンバータの方式は大きく分けると，抵抗成分や半導体によって電圧を下げて，その差分を熱として消費させる**ドロッパ方式**，数 kHz 以上の周波数（**高周波**）で半導体をオン／オフ（スイッチング）することによって直流の変換を行う**スイッチング方式**の 2 種類となる。ドロッパ方式は大型化や熱の問題を抱えるが，精度の高い直流が得られる。スイッチング方式はノイズ発生

の問題があるものの，高い効率や小型化が優れた特徴となり，現在ではさまざまなスイッチング方式の回路が実用化されている．スイッチング方式のDC-DCコンバータは，回路中の高周波数用変圧器の有無により種類が分かれ，変圧器のないものが**チョッパ回路**，変圧器のあるものが**スイッチングレギュレータ**と呼ばれる．一般的にスイッチングの周波数は，人間の可聴域以上の周波数帯である20kHz以上が適用され，用途によってはこれを下回る場合もある．

図 6.23 に降圧チョッパ回路の回路図を，図 6.24 に回路動作時の電圧・電流波形を示す．スイッチSを高周波でスイッチングすることによって，トランジスタ出力側の電圧 V_o は最大値を V とした矩形波となる．スイッチSがオンのときは電源より電流が流れるが，オフのときはインダクタンスLとコンデンサCに蓄積されたエネルギーによって，ダイオードD経由で電流が流れる．このLとCは電圧・電流の平滑用でもあり，負荷に

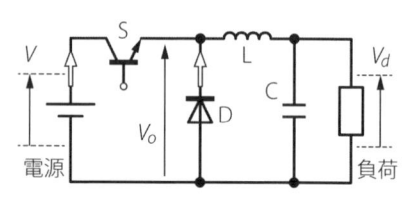

図 6.23　降圧チョッパ回路

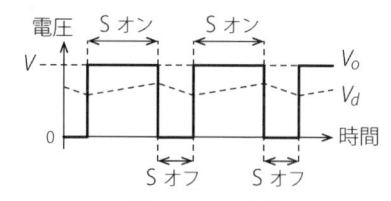

図 6.24　降圧チョッパ動作電圧波形

かかる直流電圧 V_d はおおよそ V_o の平均電圧となるが，実際には図 6.24 中の波形のようにスイッチSのオン期間に電圧が増加，オフ期間に電圧が減少する．このように増減を繰り返す成分を**リプル**（Ripple）といい，その平均値と振幅との計算により求められる．

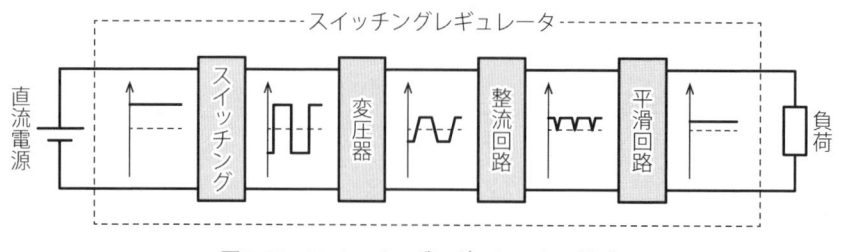

図 6.25　スイッチングレギュレータの構成

図 6.25 にスイッチングレギュレータの構成を示す．大半は図 6.16 の順変換装置の構成と同じだが，スイッチングによって直流電源からの入力を高周波の交流に変えて，その周波数に適合する高周波変圧器に入力していることが大きな違いとなる．この変圧器は設計上，50/60 Hz 系のものより小型となる．

スイッチングレギュレータには降圧，昇圧，昇降圧する方式があり，その回路構成には，フォワード，フルブリッジ，ハーフブリッジ，プッシュプル，フライバックなどいくつかの種類がある．図 6.26 にスイッチングレギュレータの一方式である**フォワードコンバータ**の回路図を，図 6.27 にスイッチをブリッジ接続とした**フルブリッジコンバータ**の回路図を示す．フォワードコンバータの回路と降圧チョッパ回路を比較すると，スイッチ直後に変圧器が配置されていることのみが大きな違いであり，整流用のダイオードが 1 つ追加されてはいるが，動作は降圧チョッパとほぼ同一となる．負荷への出力電圧の計算には変圧器の巻数比を用いる．フルブリッジコンバータは 4 つのスイッチを用い，S_1 と S_4，S_2 と S_3 が同時に動作することで高周波の交流を作って DC-DC 変換を行う．フルブリッジコンバータはフォワードコンバータより高出力用途に向いた回路方式となる．

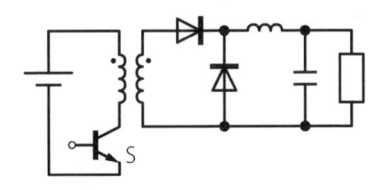

図 6.26　フォワードコンバータ

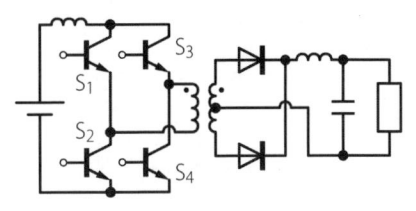

図 6.27　フルブリッジコンバータ

6.3　インバータ

交流から直流に変換する装置は順変換装置（コンバータ）であったが，直流電源を交流電源に変換する回路を**逆変換装置**もしくは**インバータ**と呼称する．図 6.10 で紹介したような交流電力の一部調整ではなく，交流電源の周波数や電圧および電流などのうちの一つ，もしくは複数を変化させる必要がある場合にインバータが用いられる．

（1） 単相電圧形インバータ

　図 6.28 に単相電圧形インバータの回路を示す。この回路は直流を入力電源として 4 つのトランジスタなどの半導体スイッチを用いて，負荷部をブリッジ状に接続し，それらのスイッチをルールに従ってスイッチングすることで，負荷に対して正負の電圧を交互に，すなわち交流電圧をかけることができる。ただ，このスイッチングという動作が**雑音**（Noise, **ノイズ**）と呼ばれる電圧・電流の乱れを引き起こすため，L（コイル），C（コンデンサ），R（抵抗）からなる**フィルタ**（Filter）を用いるなどといった対策が必要となる。図 6.29 は比較的単純なスイッチングパターンで

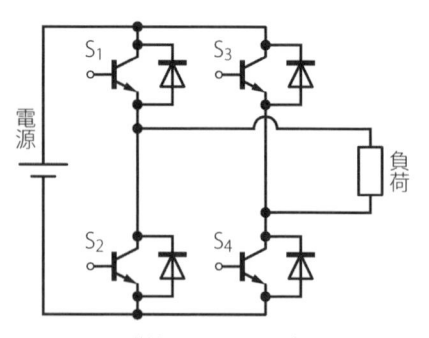

図 6.28　単相電圧形インバータ回路

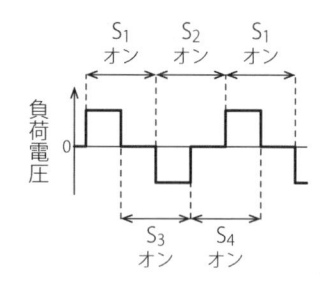

図 6.29　インバータでの矩形波電圧出力

出力された交流電圧波形で，形が四角状の**矩形波**（Square Wave）となっている。S_1 と S_4 がオンで正電圧，S_1 と S_3 がオンで零電圧，S_2 と S_3 がオンで負電圧，S_2 と S_4 がオンで零電圧といったように $\pi/2$ [rad] ごとにオンするスイッチの組み合わせが変化し，この動作を繰り返すと負荷に対して矩形状の交流電圧を出力することができる。

　インバータの出力電圧を正弦波に近づけるためには，図 6.30 に示されるように出力する電圧波形である信号波と，搬送波と呼ばれる三角波を比較して，それぞれのスイッチング期間が決定される。このことによって出力電圧の平均値 V_d が，図 6.30 中の破線のように正弦波に近い形となる。このようにスイッチのオン期間を変化させることで出力電圧などを調整する制御方法を **PWM 制御**（Pulse Width Modulation Control，パルス幅変調制御）という。

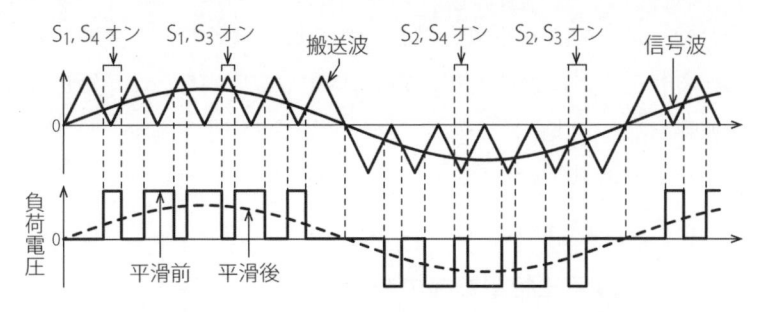

図 6.30 正弦波，三角波比較によるオン期間の決定

（2） 三相電圧形インバータ

ある程度以上の中容量電動機などは，三相交流電源が用いられることが多くなり，インバータにおいても単一回路で三相交流電圧の出力を求められる。インバータで三相交流を作るには，図 6.31 のように 6 つのトランジスタなどの半導体スイッチをブリッジ接続として，各相の出力を負荷に対して接続する。この 6 つのトランジスタは図 6.32 に示される動作順序となり，1 周期を 6 分割した $2\pi/6$ [rad] ごとにオンするスイッチの組み合わせが変化している。このとき三相インバータ出力の abc 端子それぞれの線間電圧である，ab 間電圧，bc 間電圧，ca 間電圧は，正電圧，負電圧，零電圧のいずれかとなっており，その電圧

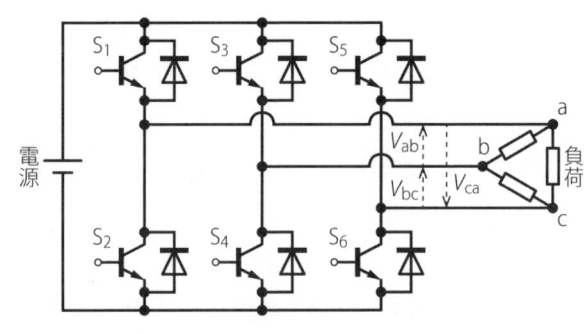

図 6.31 三相電圧形インバータ回路

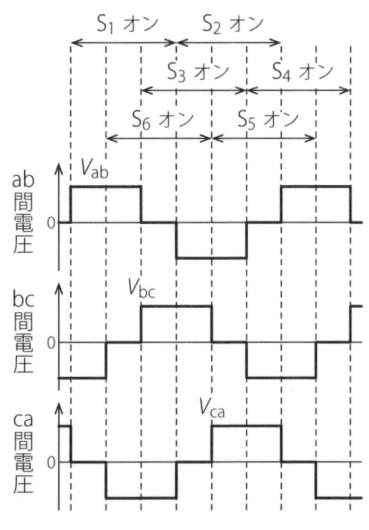

図 6.32 各スイッチオン期間と出力線間電圧波形

の組み合わせパターンは 6 通りとなる。図 6.32 のように正しい順序でスイッチング動作させることにより,その 6 通りの出力電圧パターンが矩形状の三相交流電圧波形となる。また,このスイッチングパターンを基本として,さらにオン期間中を PWM 制御とすることで,出力電圧の平均を正弦波に近づけることが可能となる。

(3) インバータによる三相電動機の制御

半導体による電力変換において,応用分野の一つとして挙げられるのが,電動機制御である。その応用例は,工場でのロボット,工作機やその他設備,電車,エレベータ,乗用車,家電製品など多岐にわたっている。電動機制御に用いられるインバータ回路のスイッチとしては,高周波での動作が可能な IGBT や MOSFET などが用いられることが多く,正弦波三角波比較インバータにおける搬送波の周波数は数十 kHz 程度となる。図 6.33 に電動機駆動用のインバータ回路図を示す。三相交流電源から全波整流にて直流とし,IGBT をスイッチングデバイスとした正弦波三角波比較 PWM 制御のインバータで三相交流を出力する。電動機の速度の調整は電動機一次電圧もしくは周波数を変えることで可能だが,誘導電動機において

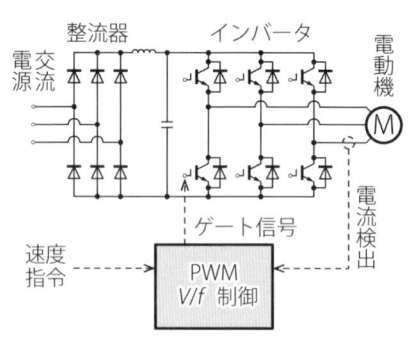

図 6.33 三相電動機駆動用の電圧形 VVVF インバータ

はどちらか単独で変化させると電動機の磁束が大きく変化してしまい,さまざまな悪影響が生じる。よって誘導電動機の速度制御では,電動機一次電圧と同時に周波数も変えることが望ましい。そこで出力三相交流は電圧と周波数の両方を可変とすることから,VVVF（Variable Voltage Variable Frequency）インバータと呼ばれる。その制御には,周波数と電圧の計算値 V/f を一定などとする **V/f 制御**,電動機一次電圧をベクトルとして捉える**ベクトル制御**などが行われる。制御回路では出力電流の検出によるフィードバックで速度制御を行うが,

その他には回転数検出，同期発電機などでは磁極位置検出も利用される。図 6.34 は実際の船舶で利用されているエレベータ駆動装置の内部写真であり，四角いユニットがインバータのパッケージとなる。エレベータでは 200 V 系もしくは 400 V 系で，速度と定員により数 kW から 100 kW 以上のものが製品化されており，インバータから出力される交流は，電圧の変化に加えて，周波数も 0 Hz から 200 Hz 程度まで変化することで速度制御を行う。

図 6.34　エレベータ用インバータ外観

（4）高周波インバータ

　日本の家庭や工場などで使用されている交流電源の周波数は 50/60 Hz となっており，その 50/60 Hz の周波数を**商用周波数**(しょうようしゅうはすう)と呼ぶ。それ以上の周波数が**高周波**(こうしゅうは)となるが，一般的には人の可聴域以上である 20 kHz から 100 kHz 程度までの周波数が高周波として用いられる。高周波交流の応用としては，交流電動機制御や，**誘導加熱**(ゆうどうかねつ)（Induction Heating：IH）による調理器，蛍光灯の点灯などが挙げられる。交流電動機制御では，前述したようにスイッチングによる高周波交流がインバータ回路中に存在する。しかし，出力は 50/60 Hz に近い周波数の交流になっている。これに対して IH 調理器や蛍光灯点灯では，高周波交流をインバータの出力として，負荷に直接加えている。このように，出力が高周波交流となるインバータを**高周波インバータ**と呼ぶ。

　図 6.35 に高周波インバータによる蛍光灯点灯回路の概略図を示す。高周波インバータの半導体スイッチとしては

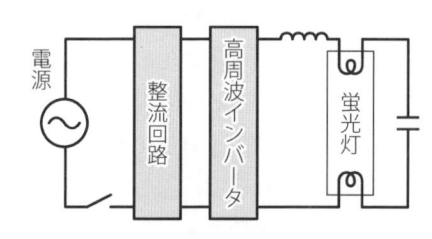

図 6.35　高周波インバータによる蛍光灯点灯回路

MOSFET などが用いられる。この点灯方法の利点は，グロースタータの点灯が遅いのに対して即時点灯が可能，高周波点灯によりチラツキがない，電力あたりの明るさが明るい，明るさを調節（調光）可能など，多くの事項を挙げることができる。

ノイズ

　雑音すなわちノイズは，音響分野では不要な音や騒音などのことをいう。それに対して電気分野では電圧・電流などの乱れのことをいうが，一見整っている電気信号でも目的に合致しないものや想定外の信号はノイズに分類される。これらは電子回路の誤動作の原因になるため，ノイズを取り除くフィルタを用いる必要がある。電気ノイズの種類の代表的なものは，電磁波として空中を伝播してくる電磁誘導ノイズ，接続されている電源から伝わってくる電源ノイズ，電荷の集中によって起こる静電気ノイズ，光により半導体に起電力が発生してしまうなどの光に起因するノイズ，回路や配線のとり回し，部品構成や半導体自身などに起因するノイズなどが挙げられる。このなかでも電磁誘導ノイズの原因は携帯電話やパソコン，電気回路の開閉や電気機器の動作などさまざまなものが存在し，トランジスタなどの半導体スイッチのオン／オフ（スイッチング）もその発生原因の一つとして挙げられる。電磁誘導ノイズが周囲の機器や人体に与える影響を **EMI**（Electro Magnetic Interference，電磁妨害）と呼ぶ。

　電気回路では時として何らかの原因により大きな電圧変化を起こすことがあり，それらの波形はサージ電圧もしくはスパイク電圧と呼ばれる。これらの呼称はその電圧変化の波形周期の違いにより使い分けられる。サージ電圧やスパイク電圧という現象は時として部品を破損させる場合があるため，発生時の対策や現象自体を起こさないしくみを用意することが重要となる。雷による電気機器の故障も，落雷により回路中にサージ電圧が発生することによって，電気機器中の半導体などが破損して動作不能となることが主な原因である。

CHAPTER 7
船舶における電気技術

　船舶に搭載される電気機器システムは，船種によってさまざまなシステムがある。ここでは，船舶の一般的な配電システム（非常用電源を含む）の概要・要件と，省エネの観点から採用されるようになったパワーエレクトロニクスの船舶への応用である軸発電機と電気推進船を概覧する。

7.1　配電システム

(1)　低圧方式と高圧方式

　船舶の配電系統は，船級規則による制限電圧に従って，一般に AC 500 V 以下の低圧配電方式が採用される。近年，船舶の大型化に伴い，船内の電気設備も大型化した。たとえば，バウスラスタ，冷凍コンテナ，荷油ポンプでは多くの電力を消費する。また，電気推進船は大容量の電動機を搭載する。その結果いろいろな問題が考えられるが，その主なものは次の2つである。

　① 短絡電流が大きくなる。現有の保護装置では容量不足となる。
　② 発電機・電動機ともにある容量以上になると，低圧では製作が難しくなるほか，経済性が失われる。

　これらの問題を解決するために，低圧方式に代わり高圧方式が採用されるようになった。その適用電圧は，低圧が 440 V に対して，高圧では 3300 V または 6600 V である。

　低圧方式と高圧方式の境目は，総発電容量が 10 MW 程度，補機用電動機では 200 kW 程度である。このため高圧方式といっても，全負荷に対して高圧を給電するのではなく，低容量負荷に対しては低圧を適用する。高圧になるのは

一部の大容量電動機のみである。たとえば，コンテナ船におけるバウスラスタ用誘導電動機などがその例である。商船では一般に低圧発電機を採用し，昇圧用の変圧器を介して大容量電動機に高電圧を給電するようにしている。

　船内の電気設備を安定的に運転するためには，電圧および周波数変動の少ない良質の電力を供給する必要がある。そのために配電設計上，次の(2)，(3)項が考慮されなければならない。

(2) 電気機器の熱的保護

　たとえば電動機の場合，定格出力以上の負荷がかかったとき，あるいは電動機内部のコイル絶縁物劣化に伴う加熱に対し，給電ラインを遮断して電動機の焼損を防止しなければならない。このため回路の所要の個所には，電気機器の種類・容量に応じた保護装置の適正な選択が必要となる。

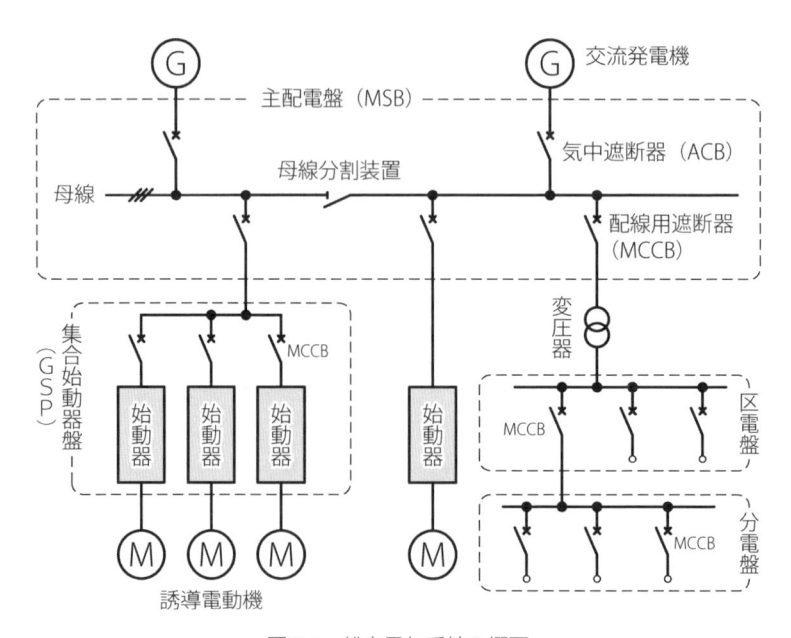

図7.1　船内電気系統の概要

CHAPTER 7　船舶における電気技術

　配電系統は，電線を含めた電気機器の熱的保護を組み合わせて並べたものである。図 7.1 に船内電気系統の概要を示す。図に示すように保護装置には**気中遮断器**（ACB：Air Circuit Breaker），配線用遮断器（MCCB：Molded Case Circuit Breaker）などがある。破線で囲んだブロックは，電源に最も近いものを主配電盤（MSB：Main Switch Board）といい，その他のものは電源に近いほうから順番に区電盤，分電盤などと呼ぶ。また，電動機の始動器の集合盤を集合始動器盤（GSP：Group Starter Panel）という。なお，高圧用遮断器には**真空遮断器**（VCB：Vacuum Circuit Breaker）を使用する。図 7.2 に主配電盤の外観を示す。

　気中遮断器（真空遮断器）は，発電機と母線間の電路開閉用として装備され，電路で短絡事故が発生した場合，速やかに電路を遮断して発電機を保護しなければならない。電路の接点を開放すると接点間にアークを生じるが，回路電流が大きいほどアークは大きくなる。そのため，気中遮断器（真空遮断器）は何らかの消弧力を利用してアークを遮断する機能を有する。図 7.3(a)，(b)にそれぞれ気中遮断器，真空遮断器の外観を示す。

図 7.2　主配電盤の外観（寺崎電気産業(株)提供）

199

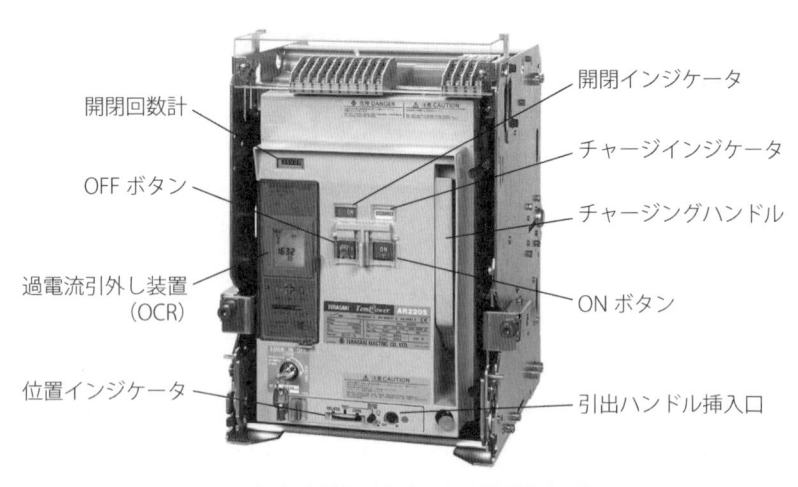

(a) 気中遮断器（寺崎電気産業(株)提供）

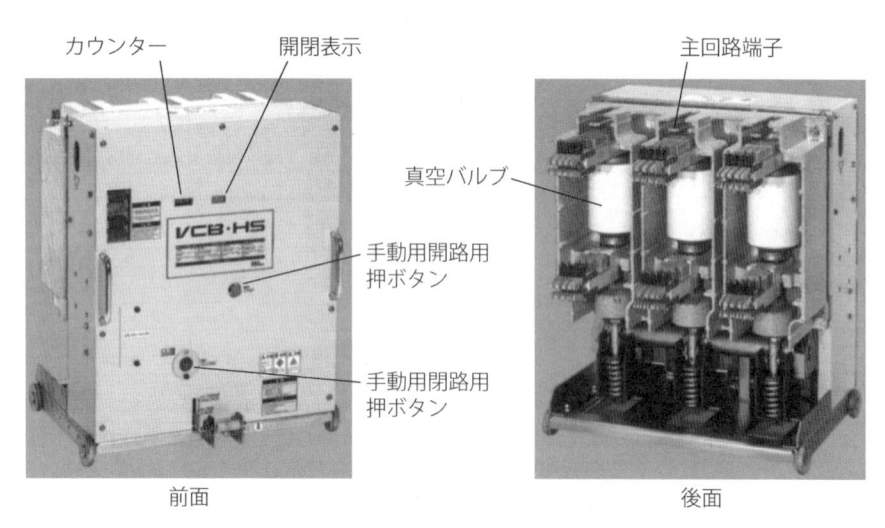

ラベル:
- 開閉回数計
- OFF ボタン
- 過電流引外し装置（OCR）
- 位置インジケータ
- 開閉インジケータ
- チャージインジケータ
- チャージングハンドル
- ON ボタン
- 引出ハンドル挿入口

(b) 真空遮断器（JRCS(株), 富士電機(株)提供）

ラベル:
- カウンター
- 開閉表示
- 手動用開路用押ボタン
- 手動用閉路用押ボタン
- 前面
- 主回路端子
- 真空バルブ
- 後面

図 7.3　気中遮断器と真空遮断器

◆気中遮断器の保護装置試験

過電流継電器試験：過負荷に相当する電流（定格電流の 115%）を流し，遮

断機構が支障なく作動することを確認する。設定値を発電機の定格電流の115%に調整し，その設定値の120%の電流を流して20秒間で遮断すること。

逆電力継電器試験：発電機2台を並列運転し，ガバナまたは電圧調整器の操作により一方の発電機に逆起電力を発生させ，設定値において遮断機構が支障なく動作することを確認する。

低電圧引外し試験：低電圧（定格電圧の 60～40%）において引き外し，遮断機構が支障なく動作することを確認する。

◆選択遮断保護と後備遮断保護

熱的保護の種類には**選択遮断保護**（Selective Protection）と**後備遮断保護**（Back-up Protection）がある。選択遮断保護は，系統内の電気設備または電路の故障によってその回路に過電流や短絡電流が流れたとき，故障点に最も近い保護装置だけが作動し，故障回路だけを系統から切り離し，他の健全な回路への給電を持続できるようにする❸。故障点の保護ブロック内では保護しきれず，電源側の保護装置でバックアップさせる場合がある。これを後備遮断保護という。図 7.4 に後備遮断保護の例を示す。

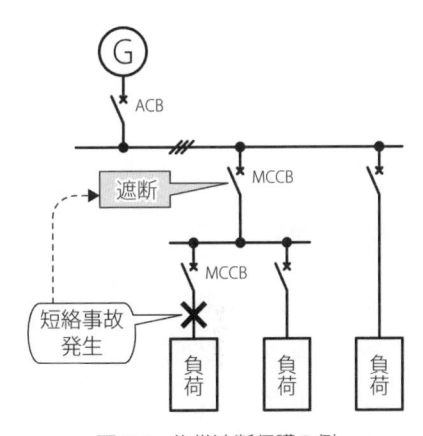

図7.4　後備遮断保護の例

故障点の局限化，健全回路への給電の持続の観点から，系統すべてにわたって選択遮断保護とするのが望ましいが，経済性を考慮して，各船級規則では推進補機（操舵機）につき選択遮断保護を要求している。なお，発電装置の保護装置（ACB，VCB）を後備遮断保護用の遮断器として使用してはならない。

(3) 給電の連続性

主機や舵取機が航海中に停止すると，操船不能となり大事故につながるので，

とくに給電の連続性は重要である。前項の熱的保護である程度の目的は達成されるが、さらに予備操舵機は別給電にする（非常用配電盤），あるいは主配電盤母線を対称にするなど，配電系統を考慮しなければならない（図7.1参照）。

◆優先遮断方式

さらに，発電機が過負荷になったときに重要でない負荷を自動遮断させる装置を設けることが船級規則で要求されている。配電盤には，発電機の過負荷による熱的な損傷を防止するために，過電流引外し機能を有する気中遮断器が備えられているが，過負荷によってこの遮断器が作動して，船内がブラックアウトすることは避けなければならない。したがって，気中遮断器が過負荷で作動する前に，船内の非重要負荷の遮断器（MCCBの瞬時引外し機能）を自動的に遮断するようにする。この遮断方式を**優先遮断方式**（Preference Trip）という❸。

非重要負荷としては，冷房装置，賄室諸装置などがある。なお，非重要負荷の遮断器は，黄色の線で配電盤にマークしてある。

(4) 接地灯

配電盤には相電路の接地（アース）の有無を検知する表示灯として**接地灯**（Earth Lamp）が装備されている。図7.5に三相220V用の接地灯の例を示す。どの相が接地したかを確認するためには，試験用押しボタンを押したとき正常相の表示灯は明るく点灯するのに対し，接地している相の表示灯は消える。この表示灯の明暗によって接地相を発見できる。

接地個所の調査：配電盤側より回路ごとに順次調査する。接地している回路が判明すれば，その回路の接続箱などの接続部を順次取り外してみて，回路の末端へと調査を進めていく。電気機器が接地している場合は，電源を切り，テスタ，絶縁抵抗計（メガー）などを使用して，電線と船体間の絶縁抵抗を計測する。

図7.5 接地灯（三相220V）

7.2 非常用電源

給電の連続性を持たせる目的で，非常用配電盤，非常用発電機および蓄電池が装備される。図 7.6 に非常用発電機，図 7.7 に蓄電池の例を示す。非常用配電盤の負荷は通常，主発電機から主配電盤を経由して給電されている。主発電機の故障などで非常用配電盤への給電が絶たれた場合，非常用負荷への給電は 45 秒以内に自動で非常用発電機からの電源に切り替わる。一般給電用蓄電池は船内の DC 24 V 負荷への通常給電および船内主電源が消失した場合の電池灯，通信，計測，航海装置などへのバックアップ電源として使用される。

図 7.6 非常用発電機

図 7.7 蓄電池

(1) 非常用発電機

非常用発電機は，独立の給油装置，自動起動装置を有するディーゼル原動機で駆動される。

(2) 蓄電池

◆原理

化学反応によるエネルギーや光のエネルギーを電気エネルギーに変換して取り出す装置を**電池**（Battery）という。電池には，一度電気エネルギーを放出す

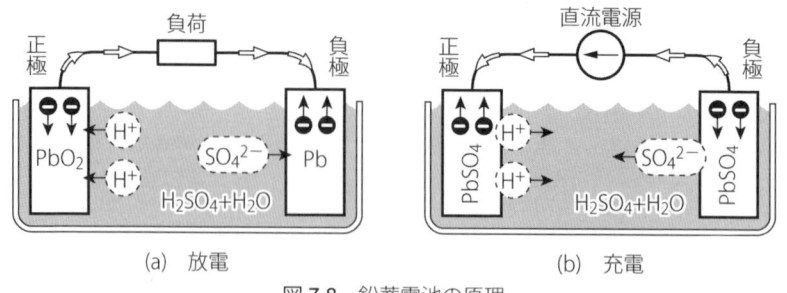

図7.8 鉛蓄電池の原理

ると再生できない一次電池と，放出しても外部から電気エネルギーを与えると再生する二次電池がある。電気エネルギーを放出することを**放電**（Discharge）といい，外部から電気エネルギーを与えることを**充電**（Charge）という。二次電池のことを一般に**蓄電池**（Secondary Battery または単に Battery）といっている。二次電池として広く利用されているのは**鉛蓄電池**（Lead Battery）である。図7.8のように，鉛（Pb），二酸化鉛（PbO_2）の電極を希硫酸（$H_2SO_4 + H_2O$）のなかに入れると，鉛に対して二酸化鉛に正の電圧が生じる。その起電力は約 2 V である。

放電の場合，図(a)のように，正極には，PbO_2，H_2SO_2 および H_2 によって，硫酸鉛（$PbSO_4$）と水（$2H_2O$）ができる。また，負極には，Pb と SO_4 によって $PbSO_4$ ができる。このようになると，溶液の硫酸の濃度は薄められ，2つの電極は同質のもの（$PbSO_4$）に近づき，電圧は低下する。

充電の場合，図(b)のように，外部から電圧を加えると，正極には，$PbSO_4$，SO_4，$2H_2O$ によって，PbO_2 と $2H_2SO_4$ ができる。また，負極には，$PbSO_4$ と H_2 から，Pb と H_2SO_4 ができる。このようにして電極は元の状態に戻り，電解液である硫酸の濃度も元に戻る。電極から再び電流を取り出すことができるようになる。

以上の化学変化を示すと，次のようになる。

$$\underset{(正極)}{PbO_2} + \underset{(電解液)}{2H_2SO_4} + \underset{(負極)}{Pb} \underset{充電}{\overset{放電}{\rightleftarrows}} \underset{(正極)}{PbSO_4} + \underset{(電解液)}{2H_2O} + \underset{(負極)}{PbSO_4}$$

図 7.9 は鉛蓄電池の構造を示したものである。正極板と負極板の間には，両極板の接触を防ぐためにセパレータが使われている。

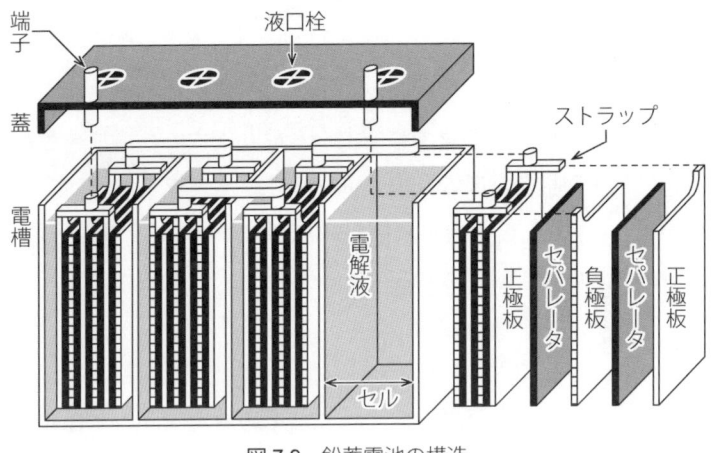

図 7.9 鉛蓄電池の構造

◆鉛蓄電池の充放電特性

図 7.10 に鉛蓄電池の充放電特性を示す。充放電特性とは，定電流で鉛蓄電池を充電・放電したとき，時間の経過に伴い端子電圧および希硫酸密度が図のように変化する性質をいう。図に示すように，充電中に電圧がおおよそ 2.7V 以上になると，電圧の上昇は止まり，正極板からは酸素，負極板からは水素が発生し，これ以上充電しても電解液を分解するだけになってしまう。この限界電圧のことを**充電終止電圧**（Charge Cut-off Voltage）という。また，放電中に

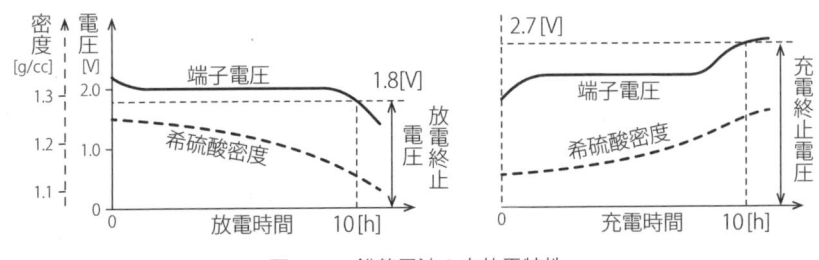

図 7.10 鉛蓄電池の充放電特性

電圧がおおよそ 1.8 V 以下になるまで放電し続けると，極板が損傷を受け，電池の容量が減少する。この回復を損なわない最低電圧を**放電終止電圧**（Discharge Cut-off Voltage）という❸。

◆ 鉛蓄電池の容量

容量は，放電終止電圧になるまでに電池から取り出すことができる電気量を，[放電電流]×[放電時間]の形で表す。単位はアンペア時 [Ah] を使う。たとえば図 7.10 のように 10 A の電流を続けて 10 時間放電し，放電終止電圧になったとき，この蓄電池の容量は 100 Ah であるという。

◆ 鉛蓄電池の放電

放電終止電圧を過ぎてもなお放電することを**過放電**（Over Discharge）という。また蓄電池は使用しない間でも，時間の経過とともに電気エネルギーを失う。この現象を**自己放電**（Self-Discharge）という❸。この現象は電池の温度が高いほど，希硫酸密度が大きいほど著しい。

◆ 充電の方法

充電には，次のような方法がある。

① 定電流充電法

終始一定の電流で充電する。普通，8 時間率以下の小電流で行う。

② 定電圧充電法

電池 1 個につき 2.7 V の定電圧で充電を行う。

③ **浮動充電法**

自己放電を補う程度の電圧（約 2.2 V 程度）を加えて充電する。すなわち 10 時間率の 1% 程度の電流を流し，つねに充電状態とする。船舶ではこの方法が広く採用される。図 7.11 に浮動充電回路の例を示す。

図 7.11 浮動充電回路

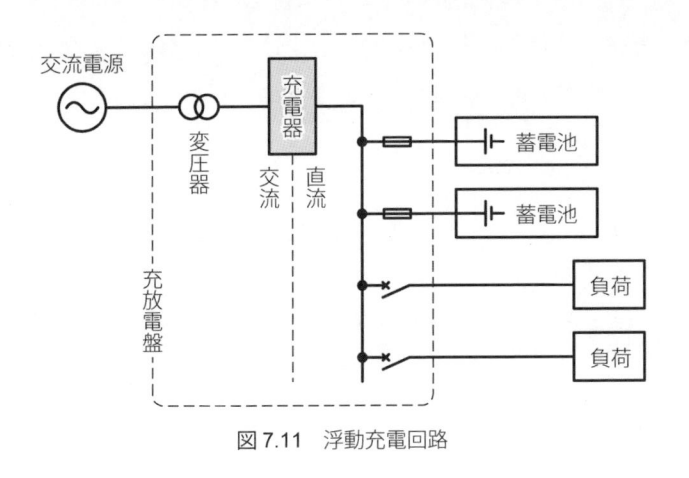

◆鉛蓄電池の取扱い

① 過放電させない。過放電すると両極板に硫酸鉛の硬い白色の結晶が発生し，充電不能となる。
② 充電中は酸素と水素の混合ガスを発生するから，換気をよくし，火気に注意する。蓄電池室の電灯は防爆形にする。
③ 急激な充電は行わない。

7.3 軸発電機

省エネの観点から，排ガスタービン発電機や**軸発電機**（Shaft Generator）が採用されるようになった。軸発電機は主機で同期発電機を駆動し，船内に電力を給電するシステムである❸。軸発電機は出力電力の性質から，周波数無補償形と周波数補償形に分けられる。

（1）周波数無補償形

パワーエレクトロニクスを適用しない方式として，図 7.12 に示す周波数無補償形がある。これは，主機の回転を増速して軸発電機（SG）を駆動する方

式である．増速ギヤで機械的に回転速度を上げているため，主機の回転速度に変動が生じると船内系統の周波数も変動する．

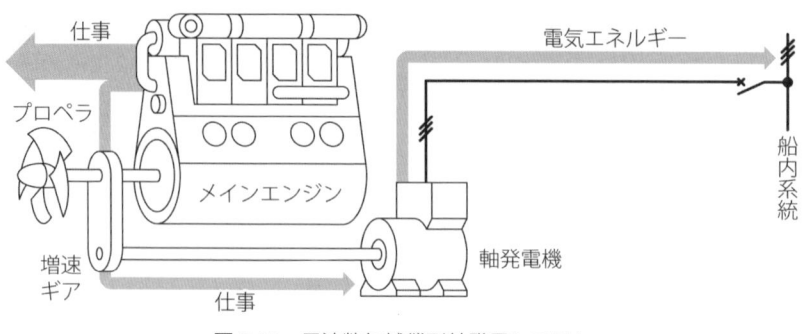

図 7.12　周波数無補償形軸発電システム

（2）　周波数補償形

一方，パワーエレクトロニクスを適用した周波数補償形を図 7.13 に示す❶．この方式は軸発電機（SG），周波数変換装置（FCP）および同期調相機（SC）で構成される．

周波数が変動する軸発電機の出力電力をコンバータでいったん直流に変換し，インバータで周波数一定の交流電力に再変換し，船内系統に供給する．

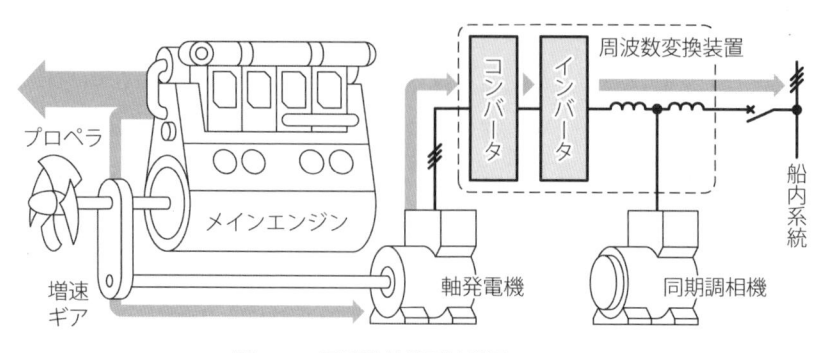

図 7.13　周波数補償形軸発電システム

同期調相機はサイリスタの転流に必要な電圧の確保，出力電圧波形の成形，高調波の吸収および，負荷側に必要な無効電力を供給する目的で設けられる。現在の周波数補償形の軸発電システムは，動作原理が簡単で堅牢なサイリスタインバータで構成されているが，将来的にはIGBTインバータへ移行するものと思われる。

7.4 電気推進船

電気推進船（Electric Propulsion Ship）は，調査船や高級クルーズ客船，砕氷船など，限られた船舶にしか搭載されてこなかった。最近，パワーエレクトロニクス技術の導入により交流電動機の可変速運転が可能になったことから，急速にその用途が商船の世界に広がりつつある。ここでは，パワーエレクトロニクスを適用しない場合の定速度方式と，適用した可変速度方式について述べる。

(1) 定速度方式

パワーエレクトロニクスを適用しない場合は，図 7.14 のような発電機と電動機を直結する定速度方式が採用されている。

この方式では電動機の回転速度を一定とし，プロペラに**可変ピッチプロペラ**（CPP：Controllable Pitch Propeller）を使用し，プロペラピッチを変化させることにより推進速度を調整する。

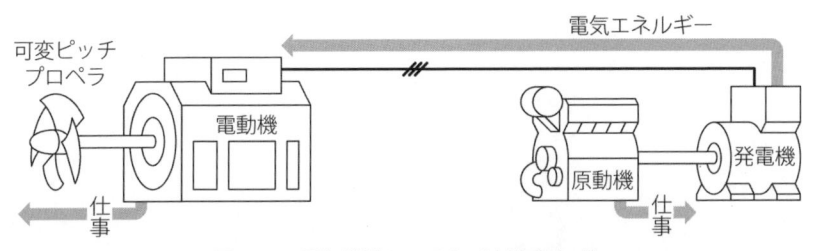

図 7.14　電気推進システム（定速度方式）

(2) 可変速度方式

一方，パワーエレクトロニクスを適用した方式として，図 7.15 に示すような可変速度方式がある。この方式は，プロペラは**固定ピッチプロペラ**（FPP：Fixed Pitch Propeller）とし，インバータによって電動機を可変速度運転して推進速度を調整するものである。これにより，定速度方式に比べ，高効率，低騒音を実現できる。なお，インバータの出力電源は VVVF 電源とし，電圧／周波数比が一定になるように周波数を変化させる（V/f 制御）。

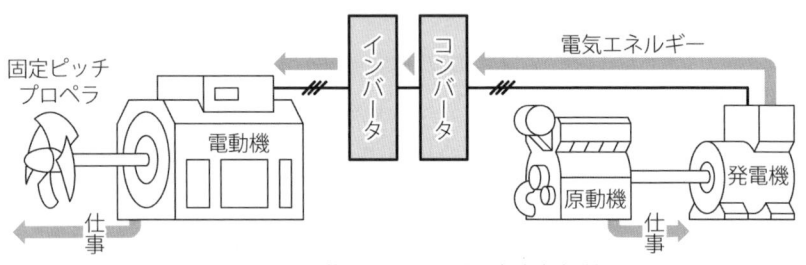

図 7.15　電気推進システム（可変速度方式）

パワーエレクトロニクス技術の進歩によって可変速度方式は変遷してきた。従来は直流電動機を**サイリスタレオナード**（Thyristor Leonard System）で運転する方式であったが，交流電動機を**サイクロコンバータ**（Cycloconvertor）で運転する方式となり，現在はインバータで誘導電動機を運転する方式へと移行した。

新人機関士の習得事項
～入社後の社船実習（見習い）時に習得すべき事項～

1. 出入港作業
(1) 出港準備
　① 冷態状態の主機関の暖機手順書を書けること。
　② 暖機終了後から Try Engine までの機関用意手順書を書けること。
　③ Try Engine を実施する前の確認事項は何か。出港準備の手順を理解し，現場へのオーダーまたは自分で操作できること。
　④ Try Engine 時に必ず行う Air Running の目的は何か。
　⑤ Try Engine 時に確認する事項を知ること。
(2) 出港 S/B 作業
　① S/B Engine から通常航海状態になるまでの Engine Plant の Operation を知ること。諸機器の操作を，機会を逸することなくできること。
　② 主機燃料切換（C→A→C）手順を知ること。
　　（主機関整備，排ガス規制のため，入港時にAに切り換える場合がある）
(3) 入港作業
　① 通常の入港後に行われる主機の冷却作業をできること。
　② 入渠する際の主機の冷却手順を行えること。
2. 主機関関係
　① Auto Slow Down および Trip が起きる条件を知っていること。
　② ①の条件が正常に戻ったとき，Reset 方法を知っていること。
　③ 遠隔操縦時（E/C）から機側操縦に切り換えて運転する手順を知り，かつできること。
　④ 自動制御運転から手動運転に切り換えるのはどのようなときか，また，どのように行うか知っていること。
　⑤ T/C の水洗や固形物洗浄はどのように行うか，また，作業上の注意事項を知ること。
　⑥ 乗船中の主機の Stuffing Box からの漏油量は1日当たりどの程度か，正常値を知っておくこと。漏油の処理方法を知っておくこと。

⑦ 乗船中の LO Sump Tank の容量は何 m^3 か，また，実量を知っていること。

⑧ 乗船中の M/E の運転諸元を知っておくこと。

3. 発電機関

(1) ディーゼル

① 起動空気配管を図示できること。起動空気を投入してから定格回転まで上げる構成機器の動作を理解しておくこと。

② 起動ができないのはなぜか，原因を列挙できること。

③ 機側での起動ができること。

④ 並列運転を手動でできること。

⑤ LO の温度調整はどのように行われているか。また LO Cooler の出口温度は。

⑥ LO Sump Tank の容量は何 m^3 か，実量は何 m^3 か知っておくこと。

⑦ LO 消費量は何リットル/day か。

⑧ 現在の LO の TBN（全アルカリ価）はいくらか。新油はいくらか。

⑨ 原動機が自動停止する要件を知ること。

(2) タービン

① 冷態時から定格運転までの手順を知り，起動・停止ができること。

② 原動機が自動停止するのはどのようなときか。安全保護装置のテストをできること。

4. ボイラ

① ボイラ水位制御の概略を図解できること。水面計（透視式および自動式）の整備ができること。水面計機能を確認するためのブローおよび復旧ができること。

② 缶水試験の目的は何かを理解していること。缶水の試験の実施および結果の標準値を知っていること。

③ 缶水ブローのインターバルを知っていること。また，通常のブロー量は何 m^3 か。

④ Soot Blow はいつ実施しているか。実施の方法を知っていること。

⑤ 燃焼装置の Flame Eye 用 Sensor はどのような種類のものか。また，

それは火炎の何を検知し，電気的にどのように働くのか。
⑥　ボイラの保有水量を知っているか。
⑦　缶水の消費量はどのくらいか。また，その消費はどこで発生しているか。
⑧　ボイラ Trip の要件を知っているか。
⑨　安全弁の噴気圧力はいくらか。
⑩　手動点火ができること。
⑪　給水ポンプの出口 Line から Cascade Tank への Return Line の役目は何か。
⑫　Cascade Tank の内部構造を描けること。
⑬　自動点火，消火のシーケンスのフローチャートを作成して説明できること。

5. 排ガスエコノイザ
①　Soot Fire と Soot Burning の違いは。
②　出港時に Soot Burning が発生したときの対処法。
③　水洗後約 1 か月経過したとき，排エコ出入口の Draft Loss はどのくらい変化しているか。
④　水洗の手順を知っているか。水洗に要する水量と時間は。水洗が適切に行いうること。排エコの運転管理および Soot Burning の発生時対応ができること。水洗後の洗浄水の処理を行えること。

6. 補機
(1)　Air Compressor
①　板弁の整備基準を知ること。その他，クランクケース点検，クーラー掃除，ピストン抜きなど，整備間隔を定め実施できること。
②　運転中 Drain 排出弁が正常に作動しているか確認しているか。
③　1 日の運転時間は通常何時間か。停止インターバルの時間を知っていること。
(2)　FO・LO 洗浄機
①　注意事項を知っていること。
②　運転状態の点検ポイントを知っていることおよび実施できること。
③　整備作業を習得すること。

(3) Provision Refrigerator
  ① 本船の Plant を作図できること。
  ② 冷媒や LO の補給ができること。
  ③ コンプレッサの吸入圧および吐出圧力が示す要素を知っているか。冷凍機の種類により冷媒を正しく選択できること。
  ④ 野菜庫を適正温度に保持するためにどのような工夫がなされているか。
  ⑤ 空調装置および糧食庫内温度を許容範囲に制御できること。
(4) 海洋生成物付着防止装置（MGPS）
  ① 構造の概略を描けること。作動原理を理解し，航海，出入港，停泊など，本船の状態における通水量に合わせて電圧，電流を調整できること。
  ② 開放整備の Interval はどのくらいか。適切な間隔での開放計画を立て，実施できること。
(5) 鉄イオン発生装置（Fe Ion Generator）
  ① 構造の概略を描けること。原理を理解し，海水通水量と電圧，電流の関係を知っていること。
  ② 適切に調整できること。
  ③ 開放 Interval を知っており，軟鋼の単位時間当たりの消費量を知っており，許容値まで消耗する前に取り替える計画を立案できること。また，要取替えの最低許容電圧を知っていること。
(6) ポンプ
  ① 竪型 Pump で Thrust Bearing を使用している場合，どのような Bearing を使用しているか知っていること。
  ② Emergency Fire Pump の Vacuum Pump の役目と作動原理を知っていること。
  ③ 使用 Pump の揚程と容量の関係，用途について理解すること。
(7) 軸封装置および軸受（Stern Seal，Stern Shaft Bearing）
  本船搭載の装置概略図が描けること。また，通常時の各部の油圧および温度を知っていること。
(8) 造水装置（Distiller Plant）
  ① 本船の Plant の概略図が描けること。通常運転時のヒートバランスの

理解と，運転中の諸元を知り，調整ができること。
② 運転手順を知っていること。
③ 塩分濃度上昇の原因を知っていること。上昇したときの処置ができること。

(9) 電気関係
① 本船の発電機負荷の力率はいくらか。配電盤の電流計，電圧計の読みから力率を算出できること。
② Black Out 時の対処ができること。
③ 絶縁低下警報が出たとき，その場所の確認方法を知っていること。また，電路末端の絶縁抵抗を計測できること。
④ 非常用発電機で運転できる機器を知っておくこと。
⑤ 非常用発電機の FO Tank が Full のとき，定格で何時間運転できるか知っていること。
⑥ 本船の非常用バッテリー液の比重計測方法，Full 充電時の比重を知っていること。

7. その他

(1) 救命艇
① 救命艇の燃料は何か，また現保有燃料で何時間航走できるか知っていること。
② 救命艇の機関冷却 Pump の種類は何か知っておくこと。また，冷却排水はどこに導かれているかを知ること。

(2) 防火防水設備
① 機関室内にある消火器の種類を知り，各消火器を取り扱うことができること。また，配置場所を知っていること。
② 機関室火災の場合，閉鎖装置（タンク，ダンパ）の動作を行う場所を知っておくこと。とくにファイアステーションの各装置の機能取り扱いができること。
③ 非常時のビルジ排出方法を知っておくこと。また，取り扱いができること。

8. 配管

下記 Piping Diagram を作成し，機関室各機器の配置とプラント上の役割，配管それぞれの役割を理解し，出入港時あるいは通常航海時の正常状態での機関プラント全体の運転緒元を知り，状態変化の良否を判定できること。

① Steam Line, C.S.W Line, C.F.W Line, Feed Water Line（for Aux. Boiler & Exh Eco）
② FO Line（for M/E・D/G Aux. Boiler FO Purifier & Supply Line）
③ LO Line（for M/E・D/G LO Purifier & Supply Line）
④ Bilge Line
⑤ Compressed Air Line（from Air Comp' to M/E & D/G）（High Press Line, Low Press Line, Control Air Line）
⑥ Air Com. for accommodation（Cooling, Warming），Air Duct for accommodation

9. 機関プラントの全体

Engine Plant 全体の概略図を描けること。各プラントの役割，入出港時，通常航海時での各プラントの運転諸元を知っておくこと。また，状態変化の良否が判断できること。

10. 冷凍コンテナ（積船時）

① 記録用紙から冷凍コンテナの状態の良否を判定できること。
② 冷凍コンテナ Plant を理解しておくこと。蒸発器の霧のつき具合で冷凍サイクルの良否が判定できること。
③ 冷媒の補充手順を知っておくこと。また，冷媒が不足した場合，圧縮機の吸入側よりその機種に合った冷媒を補給できること。
④ 修理記録を作成できること。記載事項を知っておくこと。

11. M0 運転準備，M0 チェックの実施，報告，M0 運転時の当直および対応
12. 機関日誌，撮要日誌の記入および各計算，報告の実施
13. 補給関係

船用品，部品関係，燃料の補給，潤滑油の補給について，発注と受領の関係，立会いについて理解すること。

14. 引継帳を作成できること

索　引

【アルファベット他】
a接点　*155*
AND　*164*
b接点　*155*
DC-DC コンバータ　*189*
EMI　*196*
FET　*186*
IGBT　*186*
JIS C 0301　*155*
JIS C 0617　*155*
MOSFET　*186*
n形半導体　*180*
N極　*18*
NOT　*164*
npn形トランジスタ　*185*
OR　*164*
p形半導体　*181*
pn接合　*181*
pnp形トランジスタ　*185*
PWM制御　*192*
RL直列回路　*46*
RL並列回路　*42*
RLC直列回路　*47*
S極　*18*
V結線　*79*
*V/f*制御　*194*
VVVFインバータ　*138, 194*
Y結線　*52*

Y-Y結線　*78*
Y-Δ結線　*79*
Y-Δ始動回路　*171*
Δ結線　*52*
Δ-Y結線　*79*
Δ-Δ結線　*78*

【あ】
アドミタンス　*49*
アノード　*181*
アラゴの円板　*122*
アンペア　*12*
アンペールの法則　*22*
アンペールの右ねじの法則　*22*

【い】
位相　*32*
位相差　*36*
一次巻線　*59*
インターロック機能　*173*
インバータ　*191*
インピーダンス　*48*
インピーダンス角　*49*

【う】
ウェーバ　*20*
うず電流　*62*
うず電流損　*61*

【え】

エネルギー 16
エミッタ接地 185

【お】

押しボタンスイッチ 156
オーム 13, 36, 40, 48
オームの法則 12, 35

【か】

界磁 83
外鉄形 62
回転子 90, 118
回転子鉄心 119
回転子導体 119
回転磁界 118
回路 11
加極性 77
角周波数 32
かご形誘導電動機 118
カソード 181
価電子 180
可変ピッチプロペラ 209
過放電 206

【き】

機械的制動法 141
気中遮断器 199
起電力 12
逆変換装置 191
逆方向降伏電圧 182
キャパシタンス 41
キャリア 180
供給 16

【き】(続き)

強磁性体 21
共有結合 180

【く】

空乏層 181
矩形波 192
くま取りコイル形単相誘導電動機 148
グロースタータ 56
クローリング 120

【け】

計器用変圧器 80
計器用変流器 81
計数シーケンス制御 154
ゲート信号 184
減極性 77
減磁作用 98
限時動作接点 163
限時復帰接点 163
限時リレー 157, 163

【こ】

コイル 22
コイルの時定数 66
交さ磁化作用 97
高周波 189, 195
高周波インバータ 195
後備遮断保護 201
降伏現象 182
降伏電圧 182
効率 17
交流 32
交流回路 31
交流起電力 32

索　引

交流電圧　32
交流電流　32
固定子　90, 118
固定子鉄心　118
固定子巻線　118
固定ピッチプロペラ　210
コレクタ接地　186
コンダクタンス　13
コンデンサ　39
コンデンサ始動形単相誘導電動機　147
コンバータ　189

【さ】

サイクロコンバータ　210
最大値　31
最大トルク　133
サイリスタ　182
サイリスタの点弧角制御　184
サイリスタレオナード　210
サセプタンス　41
雑音　192, 196
三相　49
三相交流　49
三相誘導電動機　117
残留磁気　61

【し】

磁化　21
磁化作用　99
磁界　18
磁界の強さ　19
磁界の向き　19
磁気　18
磁気エネルギー　29

磁気コンパス　18
磁気飽和　61
磁極　18
磁極の強さ　20
軸発電機　207
時限シーケンス制御　154
シーケンス図　155
シーケンス制御　153
自己インダクタンス　29, 66
仕事　17
仕事率　17
自己放電　206
自己保持回路　162
自己誘導　28
磁性材料　21
磁束　20, 60
磁束鎖交数　68
磁束線　20
磁束密度　20
実効値　34
自動化　153
自動制御　153
自動復帰接点　159
ジーメンス　13, 36, 41, 49
遮断器　159
周期　31
充電　204
充電終止電圧　205
自由電子　180
周波数　31
出力　17
出力特性曲線　133
ジュール　15, 16, 17
ジュール熱　15

ジュールの法則　15
瞬時値　31
順序制御　154
順変換装置　189
順方向電流　181
条件シーケンス制御　154
消弧　183
消費　16
商用周波数　195
初期位相　32
磁力　18
磁力線　19
真空遮断器　199
真性半導体　179

【す】

スイッチ　155
スイッチング　185
スイッチング方式　189
スイッチングレギュレータ　190
スター結線　52
スターデルタ始動回路　171
滑り　124
滑り周波数　126
滑り速度　125
スリップリング　119
スロット　120

【せ】

正弦波　32
正孔　180
成層鉄心　62
静電エネルギー　39
静電容量　41

整流回路　186
整流作用　181
絶縁材料　12
絶縁体　12, 179
接地灯　202
線間電圧　52
選択遮断保護　201
線電流　54
全波整流回路　187

【そ】

相互インダクタンス　30
相互誘導　30
送電　58
相電圧　52
相電流　54
速度特性曲線　132
損失　17, 131

【た】

ダイオード　181
ダイカスト回転子　120
対称三相方式　51
帯電　179
タイマリレー　157, 162
ターンオフ　183
ターンオン　183
単相　49
単相誘導電動機　117
単巻変圧器　81
端絡環　120

【ち】

蓄電池　204

直流　30
直流回路　30
直流電流　30
直列　46
チョッパ回路　190

【つ】
ツェナー現象　182
ツェナーダイオード　182

【て】
抵抗　13
抵抗率　13
停動トルク　133
テスラ　20
鉄心　22, 60
鉄損　61
鉄損電流　61
デルタ結線　52
電圧　12
電圧計　12
電圧降下　14, 47
電位　13
電荷　179
電気　11
電気エネルギー　16
電気推進船　209
電気抵抗　13
電気的制動法　141
電機子　83
電機子反作用　95
電機子反作用リアクタンス　100
電球　15
電源　16

点弧　183
電子　179
電子回路　179
電磁開閉器　159
電磁石　22
電磁接触器　156
電磁誘導　24
電磁力　23
電磁リレー　157
電池　16, 203
電動機　23
電熱線　15
電流　12, 180
電流計　12
電力　17

【と】
同期インピーダンス　101
同期速度　86, 124
同期発電機　27
同期リアクタンス　101
透磁率　20
同相　33
銅損　61
導体　12, 179
導電材料　12
トランジスタ　185
トリガ電流　183
トルク-速度曲線　133
ドロッパ方式　189

【な】
内鉄形　62
ナイフスイッチ　156

鉛蓄電池 *204*

【に】
二次巻線 *59*
二重かご形 *144*

【ね】
熱 *15*
熱動過電流リレー *159*

【の】
ノイズ *192, 196*

【は】
配電 *58*
波形 *31*
発電機 *24*
パワーエレクトロニクス *179*
半導体 *179*
半波整流回路 *187*

【ひ】
ヒステリシス *22*
ヒステリシス損 *61*
皮相電力 *38*
ヒューズ *159*
比例推移 *134*

【ふ】
ファラデーの法則 *25*
ファラド *41*
フィルタ *192, 196*
フォワードコンバータ *191*
負荷 *16*

深溝かご形 *144*
不純物半導体 *180*
浮動充電法 *206*
ブラシレス発電機 *91*
フルブリッジコンバータ *191*
ブレークオーバー電圧 *183*
ブレーク接点 *158*
ブレークダウン電圧 *183*
フレミングの左手の法則 *24*
フレミングの右手の法則 *26*
分相始動形単相誘導電動機 *146*

【へ】
並列 *42*
ベクトル *42*
ベクトル図 *41*
ベクトル制御 *194*
ベクトル和 *45*
ベース接地 *186*
ヘルツ *31*
変圧器 *30, 57*
変圧比 *60*
ヘンリー *29, 30*
変流比 *60*

【ほ】
方位磁針 *18*
方向性けい素鋼 *62*
放電 *204*
放電終止電圧 *206*
ボルト *12*
ボルトアンペア *38*

【ま】
巻数比　59, 127
巻線　22, 60
巻線形回転子　121
巻線形誘導電動機　118

【む】
無効横流　109
無効電流　46
無効電力　39

【め】
メーク接点　158

【も】
漏れ磁束　71
漏れリアクタンス　100

【ゆ】
有効横流　110
有効電流　46
有効電力　38
優先遮断方式　202
誘導加熱　195
誘導起電力　24, 26
誘導性サセプタンス　36
誘導性リアクタンス　36
誘導電動機　117

【よ】
容量性サセプタンス　41
容量性リアクタンス　40

【ら】
ラジアン　28
乱調　112

【り】
リアクタンス　41
力率　38
力率改善　41
リミットスイッチ　157

【れ】
励磁サセプタンス　70
レジスタンス　13
レンツの法則　25

【ろ】
論理回路　164
論理積　164
論理否定　164
論理和　164

【わ】
ワット　17

223

〈編者紹介〉

商船高専キャリア教育研究会

商船学科学生のより良きキャリアデザインを構想・研究することを目的に，2007年に結成。
富山・鳥羽・弓削・広島・大島の各商船高専に所属する教員有志が会員となって活動している。
2016年は富山高等専門学校が事務局を担当している。

連絡先：〒933-0293
　　　　富山県射水市海老江練合 1-2
　　　　富山高等専門学校　商船学科　気付

ISBN978-4-303-31500-9

マリタイムカレッジシリーズ

船の電機システム

2014年3月 1日　初版発行　　　　　　　　　　　　　　　Ⓒ 2014
2016年3月25日　2版発行

編　者　商船高専キャリア教育研究会　　　　　　　　　　検印省略
発行者　岡田節夫
発行所　海文堂出版株式会社
　　　　本　社　東京都文京区水道 2-5-4（〒112-0005）
　　　　　　　　電話　03(3815)3291(代)　FAX 03(3815)3953
　　　　　　　　http://www.kaibundo.jp/
　　　　支　社　神戸市中央区元町通 3-5-10（〒650-0022）
日本書籍出版協会会員・工学書協会会員・自然科学書協会会員

PRINTED IN JAPAN　　　　　　　　　　印刷　田口整版／製本　ブロケード

JCOPY ＜(社)出版者著作権管理機構　委託出版物＞
本書の無断複写は著作権法上での例外を除き禁じられています。複写される場合は，そのつど事前に，(社)出版者著作権管理機構（電話 03-3513-6969，FAX 03-3513-6979，e-mail: info@jcopy.or.jp）の許諾を得てください。